基礎がよくわかる！

# ゼロからのRPA
# UiPath
超実践 テクニック

吉田将明 ［著］

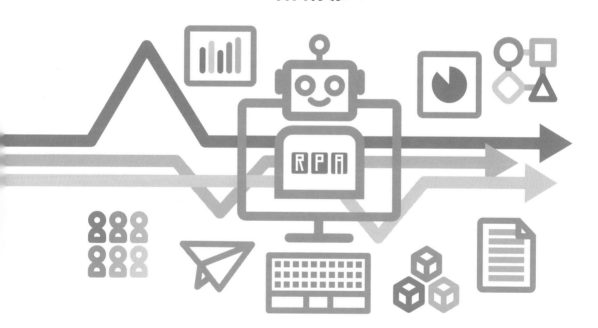

Ohmsha

本書は、RPA（Robotic Process Automation）製品の一つである UiPath を使ったワークフロー構築について、次のような方々にとって役に立つことを目指して執筆しました。

- プログラミング経験、UiPath 操作経験がなく、これから UiPath を使って業務自動化に取り組む予定の方
- すでに UiPath を利用しているが、UiPath を独学で学んだため、使い方や設定内容が正しいのか不安な方
- UiPath の安定稼働に悩んでおり、安定性向上のテクニックを学びたい方

著者は UiPath 認定リセラー／トレーニングパートナーである株式会社クレスコに所属し、RPA の導入支援、内製化支援、ハンズオン研修の講師など、多くの企業の業務自動化・効率化を 3 年以上にわたり支援してきました。

近年では RPA という言葉の認知度も向上し、RPA ツールを導入する企業も増えてきました。RPA ツールはプログラミング不要で、IT 部門ではない業務部門や事務スタッフでも業務を自動化できるという売り文句があり、業務担当者によって内製するという形態をとっている企業が多くあります。

それなのに、最近では内製化がうまくいっておらず、どうすればよいのかと相談される機会も増えてきています。詳しく話を聞くと、基礎研修や E-Learning を受講し簡単な業務は自動化できるものの、習っていない処理や、安定しないケースへの対処など応用が利かず、うまく活用できていないことがわかってきました。

RPA は用意された部品を組み合わせるだけで人が行っていた操作を自動化することができます。ツールの使い方を覚えるだけで確かに自動化できるのですが、それだけでは安定しません。

例えば「月末にだけ極端に応答時間が長くなるシステム」を自動化する場合、デフォルト設定ではうまく動作しないことが多いです。よくある対処法としては、一定時間待機を行う部品を追加する方法がありますが、これでは月末以外も長い時間待機してしまい、結果、人がやったほうが早いなどとして使われなくなってしまうこともあり

ます。

　このケースはよくあるパターンです。指定した画面が表示されるまで待つ部品を適切な設定で使用することで、安定した動作を行えるようになります。

　近年 RPA の技術書も増えてきていますが、ツールの使い方を解説するものが多く、なぜそう設定すべきなのか、そうしないとどういう影響があるのかを説明しないものも見かけます。本書では応用につながる基礎力をしっかりと身につけていただくため、ツールの使い方説明だけでなく、なぜその設定にすべきなのかを実例を交えて紹介しています。

　また、つまずきやすいポイントを題材にした演習問題を多数用意しました。演習問題を通じて、実際にうまくいかないケースを体験してもらった上で、なぜうまくいかないのかを理解し、最適な対処方法を学んでいただける内容になっています。

　後半の章では、業務ですぐに使える安定性、保守性向上のテクニックも紹介しています。

　本書が UiPath でワークフローを構築される方のお役に立てば幸いです。


　2020 年 6 月

吉田　将明

# 目　次

# Part ❶

UiPath の
基礎を学ぼう

# Chapter 1

# UiPath を知ろう

本章は 2 つの節で構成されています。

| 節 | 内容 |
|----|------|
| 1.1 | UiPath の製品構成、製品の特徴 |
| 1.2 | UiPath Studio 画面構成 |

　UiPath 製品の概要について説明した後、RPA 開発ツールである UiPath Studio の画面構成について紹介します。UiPath Studio で画面を開きながら本書を読み進めていただくと理解が深まりますので、UiPath Studio をまだインストールしていない場合は、先に Appendix（298 ページ）を参照し、インストールおよびセットアップを実施してください。

## 1.1　UiPath の製品構成、製品の特徴

　UiPath とは、UiPath 社が提供するエンタープライズ RPA プラットフォームの総称です。世界中の企業や組織が UiPath を使って数え切れないほどの作業を効率化し、生産性・カスタマーエクスペリエンス・仕事の満足度の向上を実現しています。本書執筆時点（2020 年 4 月現在）で、グローバルでは 6000 社以上、日本では 1500 社以上の企業が導入しています。

　UiPath が目指すのは、「やむなく必要としていた単純作業」から解放され、「人にしかできない創造的な業務」に向き合うことが可能になる社会です。単純業務は RPA により削減でき、創出した時間を創造的な業務にあてることができます。誰もがロボットの恩恵を受けられる世界「A Robot for Every Person」を目指すことにより、人々が創造的な業務に向き合うことができる社会を実現すること。これが、UiPath 社が掲げているビジョンです。本書を通して、その実現を目指しましょう。

### 1.1-1　UiPath の製品構成

　これまで UiPath では、業務を自動化するための「開発」「管理」「実行」を行う製品を提供してきましたが、ユーザーからの要望も踏まえて製品ラインナップを拡張し、本書執筆時点、6 つの製品ラインナップから構成されています（表 1.1）。

| 工程 | 概要 |
|------|------|
| 発見 | AI や人の力を利用して、自動化領域を発見する。 |
| 開発 | シンプルなものから高度なものまで、オートメーションをすばやく開発する。 |
| 管理 | オートメーションをエンタープライズ規模で運用管理、展開、最適化する。 |
| 実行 | アプリケーションやデータを操作するロボットを通じてオートメーションを実行する。 |
| 協働 | 人とロボットを 1 つのチームとして連携させ、円滑なプロセスコラボレーションを実現する。 |
| 測定 | オペレーションやパフォーマンスがビジネス目標に沿っているか測定する。 |

■表 1.1　UiPath の製品ラインナップ

　これらの自動化ライフサイクルをサポートする製品を導入することで、自動化を局所的に終わらせず、組織として業務改善を強力に推進していくことができるようになります。本章では、この中でも核となる「開発」「管理」「実行」に焦点をあてて解説します。「開発」「管理」「実行」における主要な製品は以下です（表 1.2）。

| 工程 | ツール | 概要 |
|------|--------|------|
| 開発 | UiPath Studio | 自動化ワークフローを構築する開発ツール。 |
| 管理 | UiPath Orchestrator | UiPath Robot や作成されたプロセスを統合管理する管理ツール。 |
| 実行 | UiPath Robots | UiPath Studio で作成された自動化プロセスを実行するプログラム。 |

■表 1.2　自動化の核となる 3 つの要素

### ● UiPath Studio と UiPath Robot で小さく始める

　UiPath Studio という開発ツールでは、アクティビティと呼ばれる自動化部品を組み合わせてワークフローを構築し、業務プロセスを自動化します。完成したワークフローは、実行ボタン一つで運用できるように、パッケージとしてファイルを出力することができます。

　UiPath Robots は、UiPath Studio で作成されたパッケージを実行するツールです。UiPath Orchestrator という管理ツールを含まないこの 2 製品だけでも RPA 開発と運用を行うことができ、初期導入時には UiPath Studio と UiPath Robot のみで小さく始めることが可能となっています。

### ● UiPath Orchestrator で全社展開に対応する（大きく育てる）

　UiPath Orchestrator を導入しない場合、運用 PC、ライセンス、実行スケジュールや自動化プロセスの管理などは Excel の管理台帳などを用意し、人の手によって管理する必要があります。自動化プロセスや運用 PC が増えてくると、人の手によって管理する運用負荷が高くなり、セキュリティやガバナンスの管理も行き届きにくくなってしまいます。

　UiPath Orchestrator を導入することでこれらの運用負荷を削減し、効率的に管理することができるようになります。

そのため初期導入時は UiPath Studio と UiPath Robot で小さく始め、全社展開時には UiPath Orchestrator を追加導入する「小さく始めて大きく育てる」という導入ステップを踏むことができます。

　低コストでスピード感を持って RPA の初期導入ができ、規模拡大時にはセキュリティ面やガバナンス管理を効率的に管理する仕組みを追加導入することができる。これが UiPath の一つの特徴です。

## 1.1-2　UiPath のエディション

　続いてエディションについて説明します。UiPath には大きく 2 つのエディションがあります（表 1.3）。

| エディション | 概要 |
| --- | --- |
| Community Edition | 個人および小規模事業者が利用可能な無償製品 |
| Enterprise Edition | 大規模な RPA 利用に対応した商用製品 |

■表 1.3　UiPath の 2 つのエディション

　企業の RPA 導入においては、多くの場合 Enterprise Edition を選択する必要があります。個人ユーザーや小規模事業者においては、無償製品である Community Edition を利用することができます。

　ただし、評価とトレーニングの目的であれば、法人組織でも Community Edition を利用することができます。

 Enterprise Edition が必要な組織とは、従業員が 250 人以上または売上高が 500 万ドル以上の組織（関連会社を含む）を指します。ただし本書執筆時点（2020 年 4 月現在）の定義であり、最新の定義は以下を参照してください。
https://www.uipath.com/ja/start-trial

　本書は、Community Edition を対象にしておりますが、Enterprise Edition をお持ちの方もそのまま読み進めていただくことができます。個人で学習される方は、無償製品である Community Edition を準備してください。

## 1.2　UiPath Studio 画面構成

　本節では、開発ツールである UiPath Studio の画面構成について説明します。

　UiPath Studio は、起動後最初に表示される**バックステージビュー**と、ワークフロー作成を行う**デザイナー画面**の 2 画面から構成されます。それぞれの画面機能を紹介しています。

 〔注〕UiPath Studio はバージョンによって画面構成が一部異なることがあります。本書はバージョン 2020.4.0 で構成しております。

### 1.2-1 バックステージビュー

バックステージビューは、画面左側の5つのタブメニューから構成されます（図1.1）。

■図1.1　バックステージビュー

### ●スタートタブメニュー

UiPath Studio 起動時に表示されるメニューです。プロセスや、ライブラリなどを指定して、新規プロジェクトの作成を行うことができます（図1.2）。

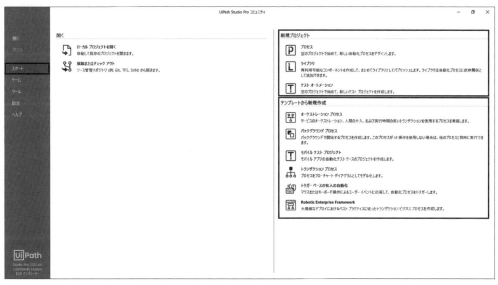

■図1.2　スタートタブメニュー

## ●新規プロジェクト

プロセスとライブラリを選択できます。一連の業務を自動化するプロジェクトを作成するには、プロセスを使用します（表1.4）。

| 項目 | 概要 |
|---|---|
| プロセス | 新しく自動化プロジェクトを作成するときに選択する。 |
| ライブラリ | 再利用可能な部品を作成するときに選択する。Chapter21でライブラリの活用方法を紹介する。 |
| テストオートメーション | テストを自動化するための自動化プロジェクトを作成するときに選択する。 |

■表1.4　新規プロジェクトの作成

## ●テンプレートから新規作成

「新規プロジェクト」では空のプロジェクトが作成されますが、「テンプレートから新規作成」を選択すると、あらかじめワークフローが組み込まれたプロジェクトが作成されます（表1.5）。

| テンプレート名 | 概要 |
|---|---|
| オーケストレーションプロセス | UiPath Orchestratorと接続し、ワークフローの途中で人の判断を必要とする処理を自動化する場合に選択する。 |
| バックグラウンドプロセス | 画面操作が不要でバックグラウンドで完結するプロセスを作成するときに使用する。 |
| モバイルテストプロジェクト | モバイルアプリの自動化テストを行うときに選択する。 |
| トランザクションプロセス | フローチャート形式のテンプレートを含む自動化プロジェクトを作成したいときに選択する。 |
| ユーザー操作をトリガーとするプロセス | マウス操作、キーボード操作をトリガーにした自動化プロジェクトを作成したいときに選択する。 |
| Robotic Enterprise Framework | 通称、ReFramework（アールイーフレームワーク）と呼ばれており、UiPath Orchestratorと接続する大規模プロセスのテンプレートである。テンプレート側でエラー処理や設定ファイル読み込み機能なども含まれている。機能は豊富だが、少々理解が難しいテンプレート。 |

■表1.5　新規作成時に利用できるテンプレート

 「テンプレートから新規作成」の欄には、自社で作成したテンプレートを配置することもできます。これにより、例えば、RPA推進部門で作成した「自社向けプロジェクトテンプレート」を配置し、業務部門にて同テンプレートを使用した開発を行っていくといったことも可能となります。Chapter22でテンプレートの活用方法を紹介します。

## ●チームタブメニュー

バージョン管理システムとの連携を設定する画面です（図1.3）。

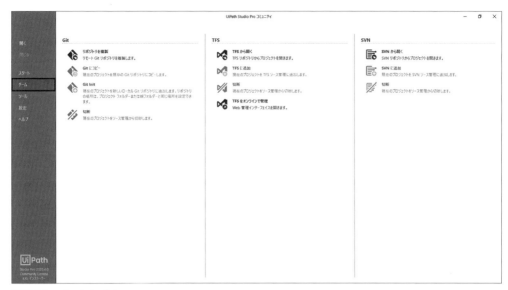

■図1.3　チームタブメニュー

　UiPath Studio で、文字を入力する、クリックする、Excel にデータを書き出すといった処理を自動化すると、裏側ではそれらの処理内容はテキストファイルで管理されます。UiPath はこのテキストファイルを解釈し、指定された処理を実行します。このテキストファイルなどの、UiPath で行う自動化に必要なファイルを**ソースファイル**と言います。

　業務要件の変更や作成したワークフローの不具合など、運用が始まった後もメンテナンスが必要になることは少なくありません。そのため、自動化プロジェクトのソースファイルを保管しておく必要があります。

　しかし、プロジェクトのソースファイルを管理する機能を UiPath プラットフォームとしては持っていません。ファイルサーバーなどで管理することもできますが、古いバージョンを間違えて更新してしまったり、他のメンバーが更新したファイルを間違えて上書きしてしまったりすることがあります。こうしたトラブルを防ぎ、確実かつ効率的にソースファイルを管理する仕組みとして、システム開発においてよく使われるのがバージョン管理システムです。主要なバージョン管理システムとして、GIT、TFS（Team Foundation Server）、SVN（Subversion）があります。UiPath Studio では、これらのバージョン管理システムと連携することができます。本設定画面でバージョン管理システムと連携させることで、UiPath Studio 内で、変更前と変更後の差分を見比べたり、他のメンバーが行った変更を取り込んだりすることができ、開発生産性を上げる効果が期待できます。

●ツールタブメニュー

　関連アプリケーションを起動する際や、UiPath 拡張機能のインストールを行う際に使用する

メニューです。アプリケーションの画面要素を調査する際に使用する UI Explorer の起動や、Google Chrome アプリへの UiPath 拡張アドイン機能のインストールなどが行えます（図1.4）。

■図1.4　ツールタブメニュー

> 注 本書では、ウェブアプリケーションの操作説明に Google Chrome を使用します。インストールされていない方は、Google Chrome をインストールしてください。その後、「Chrome 拡張機能」をクリックし、Google Chrome 拡張機能を有効化してください。

●設定タブメニュー（一般）

UiPath Studio の言語設定の切替や、テーマの切り替えなどを行う際に使用するメニューです（図1.5）。

■図1.5　設定タブメニュー（一般）

## ●設定タブメニュー（デザイン）

自動化プロジェクトの自動バックアップ時間の設定、出力パネルに表示されるログの上限件数などの設定を変更できます（図1.6）。

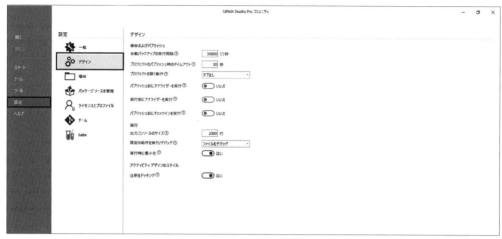

■図1.6　設定タブメニュー（デザイン）

## ●設定タブメニュー（場所）

自動化プロジェクト作成時のデフォルトの保存場所や、ライブラリやプロセスをパッケージとして出力するデフォルトの保存場所の設定を変更できます（図1.7）。

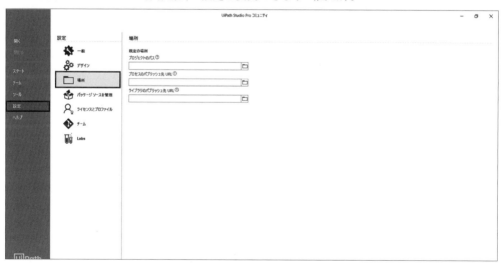

■図1.7　設定タブメニュー（場所）

●設定タブメニュー（パッケージソースを管理）

　UiPath では、基本的なアクティビティ以外の追加機能を、拡張パッケージとしてインターネットやローカルのパッケージを指定してダウンロードすることが可能です。

　本メニューでは、パッケージをダウンロードできるウェブサイトやローカルフォルダを設定できます（図 1.8）。

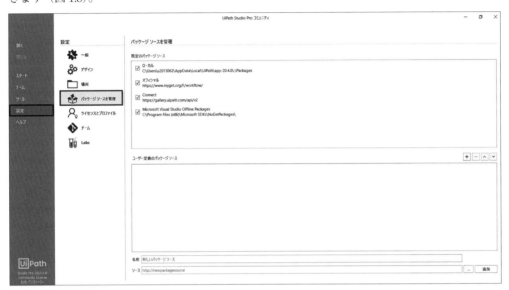

■図 1.8　設定タブメニュー（パッケージソースを管理）

●設定タブメニュー（ライセンスとプロファイル）

　ライセンスのアクティベーション方法の変更や、ビジネスユーザー向けの UiPath StudioX といったプロファイル設定を変更できます（図 1.9）。

■図 1.9　設定タブメニュー（ライセンスとプロファイル）

●設定タブメニュー（チーム）

　ソース管理プラグインの設定を行うメニューです。GitHub などのソース管理ツールと連携する際に使用します（図 1.10）。

■図 1.10　設定タブメニュー（チーム）

## ●設定タブメニュー（Labs）

リリース前に試用できる試験段階の機能の利用設定を行うメニューです（図 1.11）。

■図 1.11　設定タブメニュー（Labs）

## ●ヘルプタブメニュー

各種参考サイトへのリンクや、UiPath Studio のバージョン、デバイス ID などを調べることができるメニューです（図 1.12）。

■図 1.12　ヘルプタブメニュー

## 1.2-2 デザイナー画面

業務自動化ワークフローを作成するために用意されているのがデザイナー画面です。

> **注** デザイナー画面を開くには、プロジェクトを作成する必要があります。スタートタブメニューから、「新規プロジェクト > プロセス」を選択し、デフォルト設定のままでかまいませんので、「作成」ボタンをクリックし、プロジェクトを作成してください。

デザイナー画面は、画面上部のリボンと、そのリボン下の複数パネルで構成されます（図1.13）。

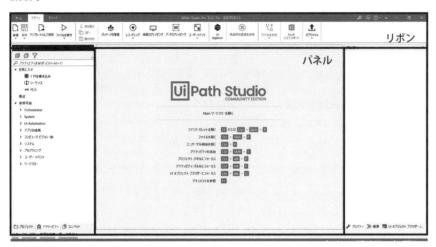

■図 1.13　デザイナー画面

### ●ホームリボン

バックステージビューに遷移するメニューです（図 1.14）。

■図 1.14　ホームリボン

### ●デザインリボン

プロジェクトにファイルを追加する、パッケージを管理する、レコーディングウィザードを立ち上げるなど、ワークフロー作成時に利用する機能を提供するメニューです（図 1.15）。

■図 1.15　デザインリボン

## ●デバッグリボン

ワークフローの通常実行、デバッグ実行、デバッグオプションの設定など、ワークフローの動作確認、検証のための機能を提供するメニューです（図1.16）。

■図1.16 デバッグリボン

## ●プロジェクトパネル

UiPath Studioで開いているプロジェクトフォルダ、および参照しているパッケージが表示される領域です（図1.17）。

■図1.17 プロジェクトパネル

## ●アクティビティパネル

ワークフローの最小構成要素であるアクティビティの一覧が表示される領域です（図1.18）。

■図1.18 アクティビティパネル

●スニペットパネル

スニペットが表示される領域です（図 1.19）。

頻繁に使用する一連の処理をスニペットという形
で定義することができ、ドラッグ＆ドロップでデ
ザイナーパネルに配置することで効率的にワークフ
ロー作成を行えるようにする機能です。

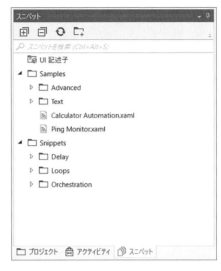

■図 1.19　スニペットパネル

●デザイナーパネル

ワークフローを作成する領域です（図 1.20）。

アクティビティパネルから自動化したい処理に該当するアクティビティを配置し、アクティビ
ティを繋げることでワークフローを作成します。

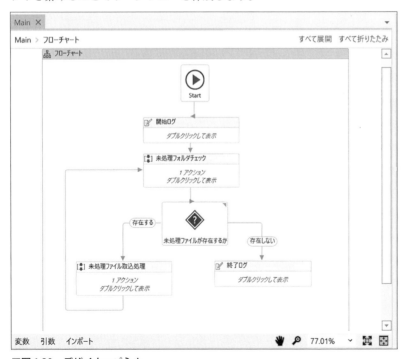

■図 1.20　デザイナーパネル

## ●プロパティパネル

プロパティ（アクティビティの詳細な設定）を定義する領域です（図1.21）。プロパティはデフォルトのままでもある程度動作しますが、適切なプロパティ設定に見直すことでワークフローの安定性を向上させることができます。

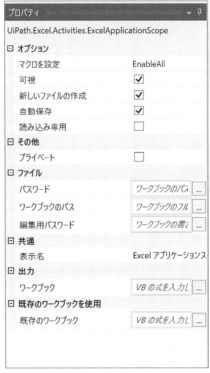

■図1.21　プロパティパネル

## ●概要パネル

ワークフローに含まれるアクティビティが階層表示される領域です（図1.22）。

デザイナーパネルでは情報量が多くワークフローの全体像を把握する際には適していません。概要パネルを確認することで、ワークフローの全体像が把握しやすくなります。

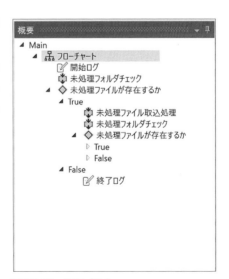

■図1.22　概要パネル

## ●出力パネル

UiPath Studio からプロジェクトを実行した際に、出力される実行ログが表示される領域です（図 1.23）。

「エラー」「警告」「情報」などといったログのレベルごとに色分けされて表示されます。文字列検索やログレベルでのフィルターなどを行うことができます。

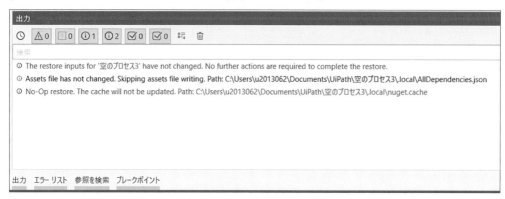

■図 1.23　出力パネル

## ●変数パネル

定義済みの変数が表示される領域です（図 1.24）。

変数の追加削除、変数名、スコープの変更、既定値の設定などが可能です。変数については、Chapter3 で詳しく説明します。

■図 1.24　変数パネル

## ●引数（ひきすう）パネル

定義済みの引数が表示される領域です（図 1.25）。

引数の追加削除、引数名、スコープの変更、既定値の設定などが可能です。引数についても Chapter17 で詳しく説明します。

■図 1.25　引数パネル

● インポートパネル

　UiPath はプログラミング不要でワークフローを作成することができますが、ワークフローの実行時、UiPath は処理に必要なプログラムを呼び出して自動化処理を行っています。UiPath から呼び出されるプログラムはカテゴリーごとに分類されており、名前空間と呼ばれる機構で管理されます。

　インポートパネルは、プロジェクトで利用可能な名前空間を定義する領域です（図 1.26）。

　基本的な名前空間はデフォルトでインポートされているため、操作する機会はあまりありませんが、独自ライブラリや、特殊なライブラリなどを利用する際には、本パネルから名前空間をインポートすることができます。

■図 1.26　インポートパネル

# Chapter 2

# UiPath を始めよう

本章は 3 つの節で構成されています。

| 節 | 内容 |
|---|---|
| 2.1 | 最もシンプルな自動化プロジェクトの作成 |
| 2.2 | 最もシンプルなウェブ画面自動化プロジェクトの作成 |
| 2.3 | 自動化プロセスのパブリッシュ |

本章では開発ツールである UiPath Studio の使い方を紹介しながら、2 つの自動化プロジェクトを作っていきます。本章を読みながら画面操作をしていただくことで、UiPath Studio の使い方、運用パッケージの作成方法を実践的に学ぶことができます。

## 2.1 最もシンプルな自動化プロジェクトの作成

それでは UiPath Studio を起動し、最もシンプルな自動化プロジェクトを作ってみましょう。作成するのは、「Hello UiPath」と画面にメッセージを表示する「Hello World」プロジェクトです。

> **注** 多くのプログラミング言語において、最初に作る簡単なプログラムが、「Hello world」という固定のメッセージを出力する「Hello World」プログラムであり、プログラミング言語の理解のほか、開発環境が正しく構築できているかを確認する役割も含んでいます。

❶ UiPath Studio を起動し、バックステージビューが表示されたら、新規プロジェクトより、「プロセス」をクリックします（図 2.1）。

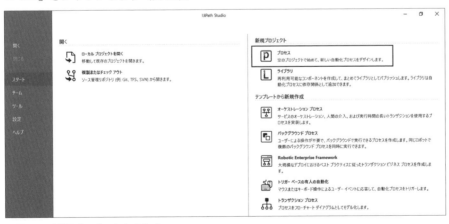

■図 2.1　新規プロジェクトの作成

❷「新しい空のプロセス」ダイアログが表示されたら、以下の情報を入力し、「作成」ボタンをクリックします（表2.1、図2.2）。

| 項目 | 設定値 |
|------|--------|
| 名前 | Chapter02.1.HelloWorld |
| 場所 | ※任意の場所を指定してください。デフォルトのままでもOKです。 |
| 説明 | Hello World プロジェクト |

■表2.1　新しい空のプロセスに入力する情報

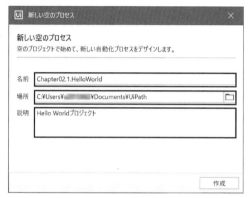

■図2.2　新しい空のプロセス

❸「Chapter02.1.HelloWorld」という名前のプロジェクトが作成され、デザイナー画面が表示されます。画面中央の「Main ワークフローを開く」をクリックします（図2.3）。

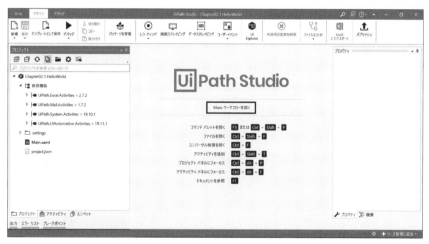

■図2.3　「Main ワークフローを開く」をクリック

UiPath では、クリックや文字入力、Excel 操作、ログ出力などの操作を**アクティビティ**と呼ばれる部品を使って行います。ここではまず、[**フローチャート**]というアクティビティを追加します。アクティビティパネルから[フローチャート]を探しますが、アクティビティパネルに

は 400 を超える部品が存在するため、探し出すのは骨が折れます。そのため基本的にはアクティビティの検索機能を使用します。

❹ アクティビティパネルを開き、上部の検索欄に「フローチャート」と入力します。絞り込まれたリストの中から、[フローチャート] アクティビティを選択し、デザイナーパネルにドラッグ & ドロップします。フローチャートは配置時に折りたたまれているため、「展開」アイコンをクリックし、[フローチャート] アクティビティを展開します（図 2.4）。

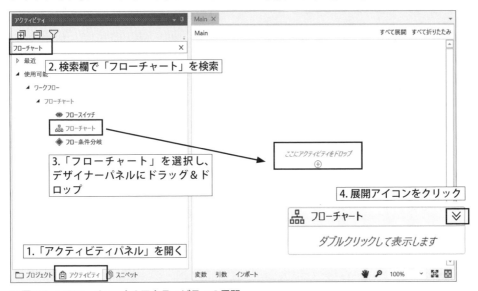

■図 2.4　[フローチャート] アクティビティの展開

続いて、[メッセージボックス] アクティビティを追加します。

❺ アクティビティ上部の検索欄に「メッセージボックス」と入力し、表示されたリストの中から、[メッセージボックス] アクティビティを選択し、デザイナーパネルのフローチャート内にドラッグ & ドロップします（図 2.5）。

■図 2.5　メッセージボックスをドラッグ & ドロップ

デザイナーパネルでメッセージボックスを選択した状態で、プロパティパネルを見ると、今配置したメッセージボックスのプロパティが表示されています。

❻ テキストプロパティに「"Hello UiPath"」と入力します（図2.6）。

■図2.6　プロパティパネル

> **注** UiPath では、文字を入力する際、ダブルコーテーション（"）で文字列の両端を囲む必要があります。慣れるまでは忘れてしまうことも多いので、注意しましょう。

ここで、画面の右上に感嘆符のアイコンが表示されているかと思います。これは何か問題があり、ワークフローを実行できない状態であることを示しています。

フローチャートでは、最初に実行するアクティビティを指定する必要があります。Start からの接続線が引かれていない場合は感嘆符のアイコンが表示され、ワークフローが実行できません（図2.7）。

■図2.7　ワークフローを実行できない状態

❼メッセージボックスを選択した状態で、右クリックしたときに表示されるメニューより、「StartNode として設定（A）」を選択します（図 2.8）。

■図 2.8　StartNode として設定する

　Start とメッセージボックスの間に接続線が引かれ、感嘆符のアイコンが消えます（図 2.9）。

■図 2.9　接続線が引かれた状態

❽「デザイン」リボンの「保存」ボタンをクリックする、またはキーボードで「Ctrl+S」を押し、ワークフローを保存します。

　これで「Chapter02.1.HelloWorld」ワークフローの完成です。早速動作確認を行いましょう。

❾「デザイン」リボンの「ファイルをデバッグ」ボタン下側をクリックすると表示されるプルダウンより、「実行」をクリックします。「Hello UiPath」とメッセージボックスが表示されることを確認しましょう（図 2.10）。

■図 2.10　実行すると、メッセージボックスが表示される

　おめでとうございます！　最もシンプルな自動化プロジェクトの完成です。

## 2.2　最もシンプルなウェブ画面自動化プロジェクトの作成

　先ほどメッセージボックスを表示する自動化プロジェクトを作成しましたが、RPA の醍醐味は画面操作の自動化です。ウェブ画面やデスクトップアプリの画面操作を自動化することで、自動化できる業務の範囲は大きく広がります。

　本節で最もシンプルなウェブ画面の自動化プロジェクトを作ってみましょう。

### 2.2-1　自動化するウェブ画面と操作手順の説明

　UiPath Studio で自動化プロジェクトを作成する前に、使用するウェブサイトの画面と操作手順を確認しておきましょう。

　Google Chrome で、以下のウェブサイトにアクセスします。

https://rpatrainingsite.com/onlinepractice/chapter2.2/

> 注　本書では、ウェブアプリケーションの操作説明に Google Chrome を使用します。インストールされていない方は、Google Chrome をインストールしてください。その後、UiPath Studio の「バックステージビュー > ツールタブメニュー」から「Chrome 拡張機能」をクリックし、Google Chrome 拡張機能を有効化してください。

　名前の入力欄に、ご自身の名前を入力し、「送信」ボタンをクリックします。

　「こんにちは、○○さん‼」というダイアログが表示されます。「閉じる」ボタンを押します（図2.11）。

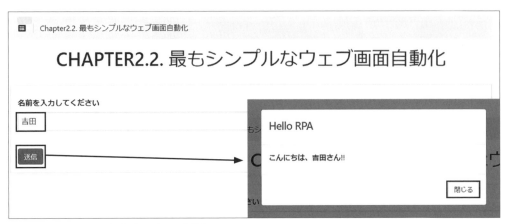

■図 2.11　最もシンプルなウェブ画面自動化

以上が、自動化するウェブ画面と操作手順です。

## 2.2-2　自動化プロジェクトの作成

それでは自動化プロジェクトを作成していきましょう。

❶ HelloWorld プロジェクトを開いた状態の方は、停止ボタンを押してから UiPath Studio の画面上部の「ホーム」タブをクリックし、「スタート ＞ 新規プロジェクト ＞ プロセス」をクリックします（図 2.12）。

■図 2.12　新しい空のプロセスを作成する

❷「新しい空のプロセス」ダイアログが表示されたら、名前に「Chapter02.2. 最もシンプルなウェブ画面自動化」と入力し、「作成」ボタンをクリックします。

> 注　「場所」や「説明」はデフォルトのままで結構です。「名前」に空白やスペースを含むものは指定できませんのでご注意ください。

❸「Chapter02.2. 最もシンプルなウェブ画面自動化」という名前のプロジェクトが作成され、デザイナー画面が表示されます。画面中央の「Main ワークフローを開く」をクリックしましょう。

❹ 前回同様、アクティビティパネル上部の検索欄から［フローチャート］アクティビティを検

索し、デザイナーパネルに配置します。

　前回は続いて［メッセージボックス］アクティビティを配置しましたが、今回は、アクティビティの手動配置ではなく、レコーディング機能というものを活用します。

### 2.2-3　レコーディング機能とは

　レコーディング機能は、**ユーザーが行った画面操作を記録し、自動的にアクティビティを配置したワークフローを作成してくれる機能**です。Excel のマクロを作成した経験のある方は、Excel のマクロの記録と同等の機能と言えばわかりやすいかもしれません。

> **注**　自動化対象業務において、画面操作が多い場合、アクティビティを手動で配置しながらワークフローを作成するやり方では時間がかかってしまいます。そこで、始めにレコーディング機能を使って、ワークフローの土台を作り、必要に応じてアクティビティを追加・修正しながら、効率的にワークフロー作成を進めていくことができます。

　レコーディング機能については、Chapter7 で詳しく解説するので、ここではレコーディング機能を使用した効果を体感してみましょう。

### 2.2-4　ウェブ画面のレコーディング操作

❺ UiPath Studio の「デザイン」リボンにある「レコーディング」アイコンをクリックします。選択肢が複数ありますが、今回操作したいアプリは、ウェブアプリケーションなので、「Web」を選択します（図 2.13）。

■図 2.13　ウェブ画面のレコーディング

❻ Web レコーディングウィザードが表示されます。まずはブラウザーでウェブサイトを開く操作を記録しましょう。「ブラウザーを開く」をクリックします（図 2.14）。

■図 2.14　「ブラウザーを開く」をクリック

❼ そうすると画面が薄い青色でハイライトされ、レコーディングモードが開始されます。先ほどGoogle Chromeで開いたウェブサイトを指定し、クリックします（図2.15）。

■図2.15　ウェブサイトをクリック

❽ URLが表示されるので、OKを選択します（図2.16）。

■図2.16　URLが表示される

> **注** 対象のウェブサイトが前面に表示されていなかった場合は、レコーディングモードを一時中断し、前面に表示する必要があります。一度キーボードのエスケープキーを押してレコーディングモードを中止し、Google Chromeで以下のウェブサイトを立ち上げた後、再度レコーディングを開始してください。
> https://rpatrainingsite.com/onlinepractice/chapter2.2/

これで、ブラウザーでウェブ画面を開く操作が記録されました。

❾ Webレコーディングウィザードが再び表示されるので、左から2番目の「レコーディング」アイコンをクリックします（図2.17）。

■図2.17　レコーディングアイコンをクリック

レコーディングモードが開始され、マウス操作でカーソルを移動すると、薄い青色でハイライトされるようになります。自由にカーソルを移動して画面項目がハイライトされることを試してみてください（図2.18）。

■図 2.18 入力箇所をクリック

薄い青色でハイライトされた箇所をクリックすることで、操作を記録することができます。

❿ 名前の入力欄をハイライトさせ、クリックしましょう。値の入力ダイアログが表示されます（図 2.19）。

■図 2.19 値の入力ダイアログ

⓫ ダイアログの入力欄にご自身の名前を入力し、Enter キーを押します（図 2.20）。

■図 2.20 名前を入力

入力した名前がアプリ側にも反映されました。このように普段通りに画面操作をしながら、その操作を記録することができるのがレコーディング機能です。

❷ 続いて「送信」ボタンをハイライトさせ、クリックします。

「こんにちは、○○さん‼」というメッセージが表示されます（図 2.21）。

■図 2.21　メッセージの表示

❸ 「閉じる」ボタンをハイライトさせ、クリックします。

❹ ここまででレコーディングを終了しましょう。キーボードで「エスケープ」キーをクリック
すると、Web レコーディングウィザードが表示され、レコーディングモードが中断されます。

❺ 「保存＆終了」アイコンをクリックし、レコーディングを終了します（図 2.22）。

■図 2.22　レコーディングの終了

UiPath Studio が表示されます。「Web」という名前のシーケンスが作成されています（図 2.23）。

■図 2.23　「Web」シーケンス

❻ 「Web」シーケンスを選択し、右クリックメニューから、「StartNode として設定」を選択し、
フローチャート右上の感嘆符アイコンが消えたことを確認しましょう。

早速実行してみましょう。Google Chrome でウェブサイトが開かれ、名前を入力後、送信ボ
タンを押し、表示されたダイアログを閉じる動きができれば成功です。

## 2.2-5 レコーディングで生成されたアクティビティの確認

ここでレコーディングによって自動生成されたアクティビティを見てみましょう。

UiPath Studio で「Web」シーケンスをダブルクリックし、展開します（図2.24）。

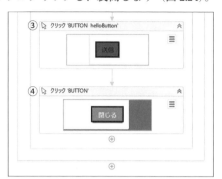

■図 2.24　Web シーケンスの展開

以下のアクティビティがレコーディング機能により、自動生成されています（表2.2）。

| No | アクティビティ名 | 処理 |
|---|---|---|
| 1 | ブラウザーを開く | URL で指定したウェブサイトを指定したブラウザーで開く。 |
| 2 | 文字を入力 | 「名前」を入力。 |
| 3 | クリック | 「送信」ボタンをクリック。 |
| 4 | クリック | 「閉じる」ボタンをクリック。 |

■表 2.2　アクティビティの自動生成

これらのアクティビティを手動で配置し、設定することもできますが、レコーディング機能を活用することで、簡単かつスピーディに操作を自動化できます。

## 2.3　自動化プロセスのパブリッシュ

ここまで UiPath Studio で2つの自動化プロジェクトを作りました。これらを本番運用したい場合、パブリッシュという操作を行い、プロセスをパッケージ化することで、実行形式のファイルを作成します。

実行形式のパッケージファイルを作成することで、UiPath Studio を立ち上げなくても、Windows のタスクトレイ、または UiPath Orchestrator からプロセスを実行することができます。本節ではパブリッシュ方法についてご紹介します。

## 2.3-1　自動化プロセスのパブリッシュ操作

❶ UiPath Studio でパッケージ化したいプロジェクトを開きます。

❷ 「デザイン」リボン上の「パブリッシュ」をクリックします（図2.25）。

■図 2.25　「パブリッシュ」をクリック

「プロセスをパブリッシュ」ダイアログが表示されます（図2.26）。

| Ui プロセスをパブリッシュ | | × |
| --- | --- | --- |
| **パッケージのプロパティ** | パッケージのプロパティ | |
| パブリッシュのオプション | パッケージ名 | |
| 証明書の署名 | Chapter02.2.最もシンプルなウェブ画面自動化 | ▾ |

バージョン

| 現在のバージョン | 新しいバージョン |
| --- | --- |
| 1.0.0 | 1.0.1 |

☐ プレリリース ⑦

リリース ノート

キャンセル　戻る　次へ　パブリッシュ

| Ui プロセスをパブリッシュ | | × |
| --- | --- | --- |
| パッケージのプロパティ | パブリッシュのオプション | |
| **パブリッシュのオプション** | パブリッシュ先 | |
| 証明書の署名 | ロボット デフォルト ▾ | |

カスタム URL

NuGet フィード URL またはローカル フォルダーです ▾ 🗀

API キー

オプションの API キー

キャンセル　戻る　次へ　パブリッシュ

■図 2.26　プロセスをパブリッシュ

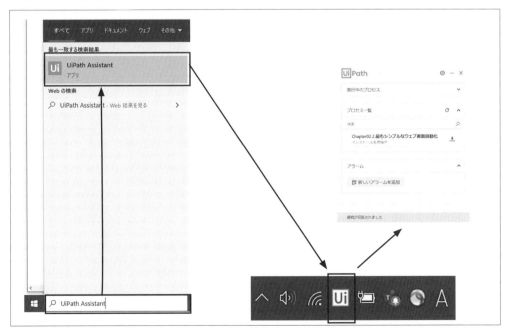

**■図 2.26　プロセスをパブリッシュ（つづき）**

> **注** UiPath Orchestrator 接続済みの場合、表示項目が一部異なります。

❸ デフォルトのまま変更せずに「パブリッシュ」ボタンをクリックします。パブリッシュ成功のダイアログが表示されます。OK をクリックします。

ここで、Windows のタスクバー右側にあるタスクトレイを見てみましょう。

UiPath Assistant アイコンが表示されていない場合、UiPath Assistant アプリケーションを起動するとタスクトレイに表示されます。

❹ タスクトレイの UiPath Assistant アイコンをクリックすると、UiPath Assistant トレイが表示されます（図 2.27）。

**■図 2.27　UiPath Assistant トレイ**

UiPath Assistant トレイに先ほどパブリッシュした自動化プロセスが表示され、インストール可能な状態となっています。

❺「インストール」ボタンをクリックすると、自動化プロセスが利用可能な状態となり、「開始」ボタンに変わります（図2.28）。

■図2.28　インストールが開始に変わる

❻「開始」ボタンをクリックすると、自動化プロセスが動き出します。プロセスを途中で中止したいときは、「終了」ボタンをクリックすることでプロセスを終了することができます（図2.29）。

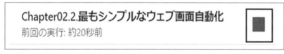

■図2.29　自動化プロセスの停止

　以上がUiPathの基本的な使い方になります。

　本章では2つのシンプルな自動化プロジェクトを作成しました。しかし実業務では、いくつかの条件で処理を分岐したり、Excelの一覧表に従って複数回システム登録を行うなど、複雑なワークフローを構築する必要が出てきます。

　こうしたいろいろな業務要件に対応するために、次章ではUiPathで業務を自動化するために必要なプログラミング知識をご紹介します。

# Chapter 3

# UiPathで覚えておくべき
# 基礎知識を学ぼう

本章は5つの節で構成されています。

| 節 | 内容 |
|----|------|
| 3.1 | アクティビティの種類 |
| 3.2 | 制御構文 |
| 3.3 | 変数 |
| 3.4 | バグとデバッグ |
| 3.5 | エラー制御とリトライ処理 |

　本章では、UiPathで覚えておくべき基礎知識を学びます。特に変数は重要な概念ですので、変数理解のための自動化プロジェクトを作成し、理解を深めていきましょう。

　本章をお読みいただくことで、UiPathの基礎的な考え方が身につき、以降の章が読み進みやすくなることでしょう。

## 3.1 アクティビティの種類

　UiPathはアクティビティを複数組み合わせることによってワークフローを構築していきます。アクティビティは大きく2種類に分かれます。

　1つ目は、**処理系アクティビティ**と呼ばれるものです。画面上のボタンをクリックする［クリック］アクティビティや、入力欄へ文字を入力する［文字を入力］アクティビティ、Excelのセルに書き込む［セルに書き込み］アクティビティなど、具体的な操作を行うアクティビティが該当します。

　2つ目は、**制御系アクティビティ**と呼ばれるものです。Chapter1で自動化プロジェクトを作成した際に、［フローチャート］というアクティビティを最初に配置しました。［フローチャート］アクティビティ自体は、具体的な処理を行うものではなく、複数のアクティビティを配置するための入れ物のような役割を担います。このように、具体的な操作ではなく、ワークフローを制御するために使用するアクティビティを**制御系アクティビティ**といいます。

　主要な制御系アクティビティには以下のものがあります（表3.1）。

| アクティビティ名 | 機能概要 |
|---|---|
| シーケンス | 複数のアクティビティを配置するための部品で、直線的なフローを表現する際に使用する。 |
| フローチャート | 複数のアクティビティを配置するための部品で、自由なフローを表現する際に使用する。 |
| ステートマシン | 複数のアクティビティを配置するための部品で、複数のステート（状態）によって処理の流れを定義する際に使用する。 |
| 条件分岐 | ［シーケンス］内で分岐構造を表現するために使用する。 |
| フロー条件分岐 | ［フローチャート］内で分岐構造を表現するために使用する。 |
| 繰り返し（各行） | Excel などの一覧表データの反復処理を行うために使用する。 |

■表 3.1　制御系アクティビティ

　処理系アクティビティは無数にありますが、制御系アクティビティは数が限られています。まずは制御系アクティビティを知ることでワークフローの組み立て方を理解することができます。

　本節では、基本となる［シーケンス］と［フローチャート］という 2 つの制御系アクティビティを紹介します。合わせて予備知識として［ステートマシン］アクティビティもご紹介します。

## 3.1-1　シーケンス

　［シーケンス］は、上から下への直線的なフローを表現することができるアクティビティです（図 3.1）。

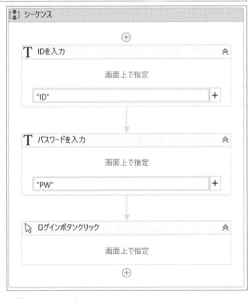

■図 3.1　シーケンス

　分岐の少ないシンプルなプロセスに適しており、後述するフローチャートやステートマシンの一部として利用することもできます。

### 3.1-2　フローチャート

　［フローチャート］はアクティ
ビティ同士を接続線で繋ぎ、自由
なフローを表現するアクティビ
ティです（図3.2）。

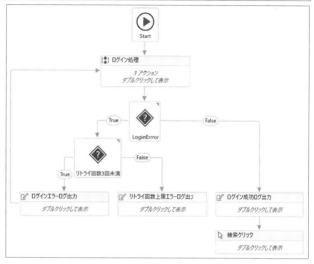

■図3.2　フローチャート

　分岐の多い複雑なプロセスに適しており、ワークフローの一番外側のアクティビティとしてよ
く使われます。

### 3.1-3　ステートマシン

　［ステートマシン］は複数のステー
ト（状態）を定義し、ある条件を満
たした場合に異なるステートに移行
するアクティビティです（図3.3）。

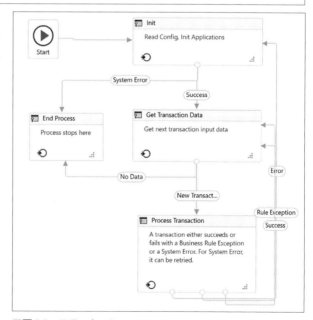

■図3.3　ステートマシン

［シーケンス］や［フローチャート］よりも複雑なアクティビティとなっており、最初は覚える必要はありませんが、UiPath が大規模プロジェクト向けに用意している「Robotic Enterprise Framework」というプロジェクトテンプレートではこの［ステートマシン］が使われています。

## 3.2 制御構文

業務を自動化するには、条件によって処理を分ける必要があります。また複数回入力を繰り返したいケースもあるでしょう。ある条件によって処理を分岐させたり、反復処理を行いたい場合、IF 文や Loop 文といった制御構文という仕組みを利用し、ワークフローの処理フローを制御します。制御構文には 3 つの種類があります。それぞれご紹介します。

### 3.2-1　順次構造

上から下に順番に実行するのが順次構造です。基本となる制御構造で、UiPath では接続線を繋ぐことで、順次構造を作成します（図 3.4）。

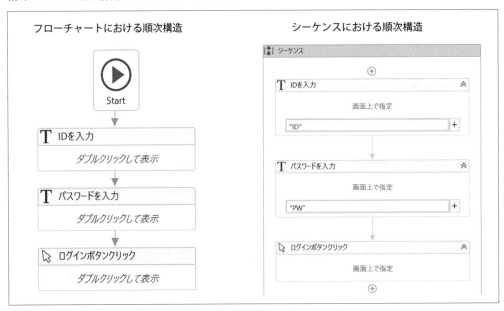

■図 3.4　順次構造

### 3.2-2　分岐構造

判断条件によって処理を分岐させる構造が分岐構造です。IF ～ ELSE ～ THEN で構成される IF 文が有名ですが、UiPath では［条件分岐］、［フロー条件分岐］という 2 つのアクティビティが使用できます。

フローチャートの場合は［フロー条件分岐］を、シーケンスの場合は［条件分岐］を使用します（図 3.5）。

■図 3.5　分岐構造

## 3.2-3　反復構造

条件を満たしている間は処理を繰り返し実行する構造が反復構造です。ForEach 文や While 文が有名ですが、UiPath でもそれらのアクティビティが用意されています（図 3.6）。

■図 3.6　反復構造

## 3.3 変数

UiPathはアクティビティを複数組み合わせることで、ワークフローを構築していくと紹介しましたが、例えばウェブ画面から取得したテキストを、別のシステムに入力したい場合、そのテキストデータを一時的に記憶しなければなりません。

一時的にテキストデータやExcelデータなどを記憶する箱のようなものが、**変数**です。

**UiPathにおいて、複数のアクティビティ間でデータを共有する場合に、変数を使用する必要があります。**

### 3.3-1 変数パネル

UiPathでは変数パネルで変数を管理します。変数パネルを見てみましょう（図3.7）。

| 名前 | 変数の型 | スコープ | 既定値 |
|------|---------|---------|--------|
| variable1 | String | フローチャート | *VBの式を入力してください* |
| 変数の作成 | | | |

変数　引数　インポート　　　　　　　　　　🖐　🔍　92.17%　∨　⛶　⛶

■図3.7　変数パネル

●名前（変数名）

複数ステップの業務自動化を行っていくには、複数の変数を管理する必要があるため、変数に名前を付けて管理します。変数の名前のことを、**変数名**といいます。

アクティビティで変数を使用するときに、変数名を指定してアクセスします（図3.8）。

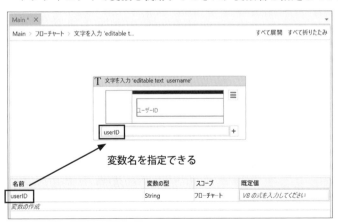

■図3.8　名前（変数名）

変数名には、文字、数字、_（アンダーバー）のみ使用でき、スペースなどは使用できません。

> **注** 一般的なプログラミングでは、変数名は英語で作成し、日本語の変数名は推奨されていません。UiPath においても、英語の変数名を推奨していますが、日本語が使えないわけではありません。大事なことは、メンバー間で共通のルールを作りそれを遵守することです。会社の開発規約や開発ガイドがあれば、それに従うことで、メンバー間で理解しやすいワークフローを作成することができます。

### ●変数の型（データ型）

変数には記憶できるデータの種類が決められており、そのデータの種類のことを**変数の型（データ型）**と言います。変数パネルで変数の型を見ることができます（図 3.9）。

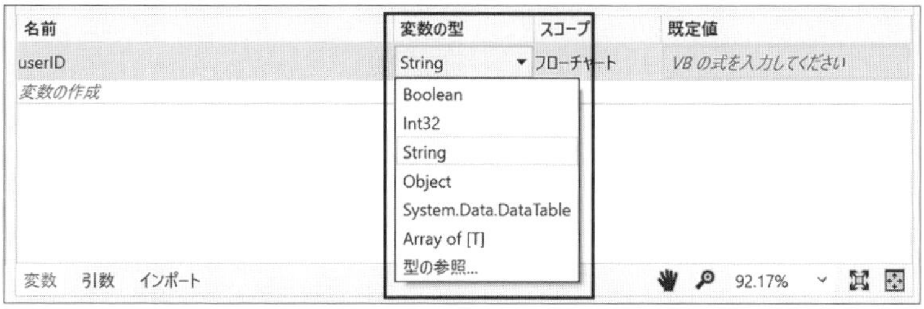

■図 3.9　変数の型（データ型）

例えば、文字列を格納する変数の型は **String 型**、整数を格納できる変数の型は **Int32 型**といった型があります。整数のみを格納できる Int32 型に、文字列を格納しようとすると、エラーが発生します。UiPath では変数の型が厳密に判断されるため、変数の型を理解することは重要です。

UiPath で頻繁に使用する変数の型のリストをご紹介します（表 3.2）。

| 型名 | データ型 | 格納できるデータ | 利用例 | 備考 |
|---|---|---|---|---|
| ブール型 | Boolean | 真偽値（True,False）データ | 開発中フラグ、エラーが発生したかどうか | |
| 整数型 | Int32 | -2147483648 ～ 2147483647 までの整数データ | 年齢、レコード件数 | Int32 は Int、Integer と同じ意味。 |
| 倍精度浮動小数点数型 | Double | -1.79769313486232E+308 ～ 1.79769313486232E+308 までの浮動小数点データ | 身長、金額、四則演算結果の格納 | float（単精度浮動小数点数型）との違いは格納できるデータの大きさである。 |
| 文字列型 | String | 文字列データ | 画面から取得するデータ、名前、住所 | |
| 日付時刻型 | DateTime | 日付時刻データ | 現在日時、時間 | |

■表 3.2　変数の型のリスト

| 型名 | データ型 | 格納できるデータ | 利用例 | 備考 |
|---|---|---|---|---|
| 固定長配列 | Array | 固定長配列データ | 要素数が決まった配列 | |
| 可変長配列 | List | 可変長配列データ | 要素数が変わる配列 | |
| 辞書型 | Dictionary | キーと値から構成されるデータ | 設定ファイルから読み込んだ設定情報 | |
| 表データ型 | DataTable | 表データ | Excel、2次元配列 | |
| オブジェクト型 | Object | オブジェクトデータ | あえて使う必要はない | 全てのデータ型のベースになる型。 |
| GenericValue型 | Generic Value | テキスト、数値、日付、または配列といった種類のデータを格納することができるデータ型 | | UiPath独自の型であり、特定のアクションを実行できるように自動的に他の型に変換される。ただし、これらの変数の型はプロジェクトに対して常に正しく変換されるとは限らないため、使用には十分な注意が必要。 |

■表3.2 変数の型のリスト（つづき）

 これ以外にも様々なデータ型がありますが、UiPath は .NET Framework をベースにしているため、使用できるのは .NET Framework のデータ型のみとなります。

●変数のスコープ

変数にはスコープと呼ばれる、その変数が利用できる範囲を限定する機能があります（図3.10）。

■図3.10 変数のスコープ

　ワークフローを構築していくと複数の変数を管理する場面が出てきます。100以上の変数を扱うことも少なくありません。そうした場合に変数が利用できる範囲（スコープ）を限定することで、管理が楽になり間違いが減るため、見通しが良くなります。

例えばログイン処理で使用する ID を格納した「id」という変数を、ログイン画面以外では使用しないのであれば、変数のスコープをログイン処理に限定します。そうすることで別の箇所で「id」変数は表示されず、間違って使用してしまう心配もなくなります。

> **注** プログラミング言語における変数のスコープには、ローカル変数、プライベート変数、グローバル変数などがありますが、UiPath は少し異なり、[シーケンス] や [フローチャート] 単位でスコープを指定します。

### 3.3-2　変数を使った自動化プロジェクトの作成

　ここで変数を使った自動化プロジェクトを作成しましょう。

　「あなたの名前は？」と名前の入力を促す入力ダイアログを表示し、入力された名前をメッセージボックスに表示するワークフローを作成します。

❶ UiPath Studio で「Chapter03.3. 変数を理解する」という名前の新規プロセスを作成します。

❷ デザイナー画面が表示されたら、画面中央の「Main ワークフローを開く」をクリックし、[フローチャート] アクティビティをデザイナーパネルに配置します。

❸ アクティビティ検索欄で、「入力ダイアログ」と入力し、表示されたリストの中から「システム ＞ ダイアログ ＞ 入力ダイアログ」を選択し、デザイナーパネルに配置します（図 3.11）。

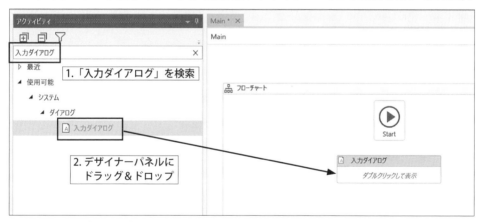

■図 3.11　入力ダイアログ

❹ [入力ダイアログ] アクティビティを選択した状態で、プロパティパネルで以下のプロパティを設定します（図 3.12、表 3.3）。

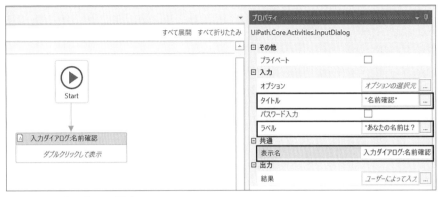

■図 3.12　プロパティの設定

| プロパティ名 | 設定値 |
|---|---|
| タイトル | "名前確認" |
| ラベル | "あなたの名前は？" |
| 表示名 | 入力ダイアログ：名前確認 |

■表 3.3　設定する値

　ワークフローを実行すると、名前確認ダイアログが表示されます（図 3.13）。

■図 3.13　名前確認ダイアログ

　実行を停止し、UiPath Studio で［入力ダイアログ］にて入力された名前を表示するメッセージボックスを追加しましょう。

❺ ［メッセージボックス］アクティビティを［入力ダイアログ：名前確認］アクティビティの下に配置します。配置する際に、入力ダイアログのアクティビティに重なるようにマウスカーソルを移動すると、接続端子が強調表示されるので、そこでマウスカーソルを離すことで接続線が引かれます（図 3.14）。

■図 3.14　メッセージボックス

　さて、［入力ダイアログ：名前確認］アクティビティで入力された名前をメッセージボックスに表示するには、どうしたらよいのでしょうか。

　［入力ダイアログ：名前確認］アクティビティを再度選択し、プロパティパネルを見てみましょう。［結果］というプロパティがあります（図3.15）。

■図 3.15　［結果］プロパティ

　入力ダイアログでユーザーが入力した値は、［結果］プロパティに出力されます。入力された値を後続の処理で使用する場合には、**変数**を使用し、一時的に［結果］プロパティの値を記憶する必要があります。

❻ 変数パネルを開き、「name」という変数を作成し、変数の型を「String」に設定します（図3.16）。

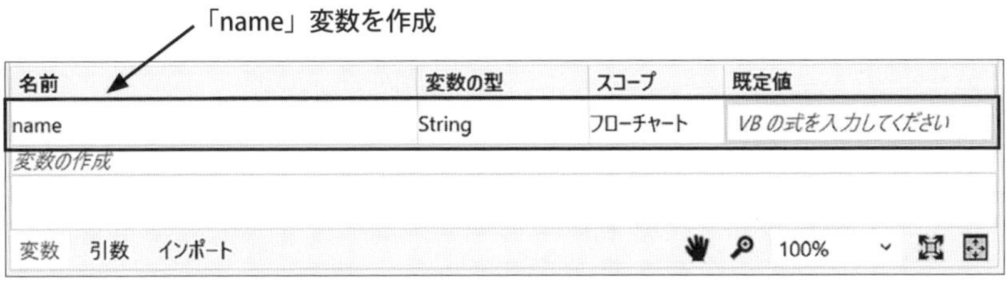

「name」変数を作成

| 名前 | 変数の型 | スコープ | 既定値 |
|---|---|---|---|
| name | String | フローチャート | *VB の式を入力してください* |
| 変数の作成 | | | |

変数　引数　インポート　　　　　　　　　　✋ 🔍　100%　∨　⊡ ⊡

■図 3.16　文字列型変数を作成

❼ 作成した name 変数を、［入力ダイアログ：名前確認］アクティビティの［結果］プロパティに設定します（図3.17）。

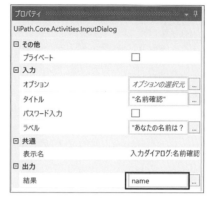

■図3.17 ［入力ダイアログ：名前確認］アクティビティの [ 結果 ] プロパティに「name」を設定

　これで、［入力ダイアログ：名前確認］アクティビティでユーザーが入力した名前が、「name」という変数に記憶されます。他のアクティビティでユーザーが入力した名前を利用したい場合、「name」変数を通じて利用することができます。

❽ ［メッセージボックス］アクティビティを選択し、以下のプロパティを設定します（図3.18、表3.4）。

■図3.18 ［メッセージボックス］のプロパティを設定

| プロパティ名 | 設定値 |
|---|---|
| テキスト | " こんにちは " & name & " さん !!" |
| 表示名 | メッセージボックス：名前 |

■表3.4　テキスト、表示名への設定値

 " こんにちは " と " さん !!" の部分はダブルコーテーションで囲っているのに対して、name 変数はダブルコーテーションが不要なことに注意してください。固定の文字はダブルコーテーションでの囲い込みが必要ですが、変数は不要です。

実行ボタンを押して、ワークフローを動かしてみましょう。名前確認の画面が表示され、名前を入力して OK をクリックすると、名前を呼び返してくれるワークフローの完成です（図 3.19）。

■図 3.19　ワークフローの実行結果

## 3.4　バグとデバッグ

　作成したワークフローが期待通りにうまく動かず、途中で止まってしまうことがあります。こうした不具合やおかしな挙動をすることを、**バグ（誤りや欠陥）**と言います。

　そして、バグの原因を探して取り除く作業を**デバッグ**と言います。自動化プロセス実行時にエラーが発生する場合は、デバッグを行い、エラーの原因となっているバグを特定し、取り除く必要があります。そこで、どのようにしてデバッグを行うのかを解説していきます。

### 3.4-1　デバッグとステップ実行

　通常プロジェクトを実行すると、全てのアクティビティが最後まで実行されてしまいます。この方法では、バグがありそうな箇所や動きが不安定な箇所で、画面が表示されているのか、変数は期待通りに設定されているのかなど、細かく調査することは難しいです。

　バグがありそうなアクティビティや、動きが不安定なアクティビティの前後で、一度ワークフローを止めて、1 アクティビティずつ順を追って確認していくことを**ステップ実行**といいます。

　ステップ実行を行う場合、初めから 1 アクティビティずつ見ていくこともできますが、時間がかかるため、ワークフローを一時停止したい場所を指定する方法をおすすめします。一時停止したい場所を**ブレークポイント**といい、**ブレークポイントの切り替え**で、一時停止したい場所の設定を行います（図 3.20）。

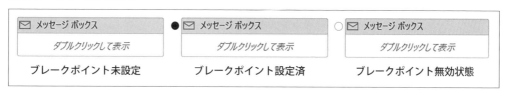

■図 3.20　ブレークポイントの切り替え

## 3.4-2 UiPath におけるデバッグ

UiPath におけるデバッグとは、**ステップ実行によってアクティビティを1つずつチェックし、バグの原因を調査し、取り除くこと**を指します。

UiPath では、「デバッグ」リボンが用意されています（図 3.21）。

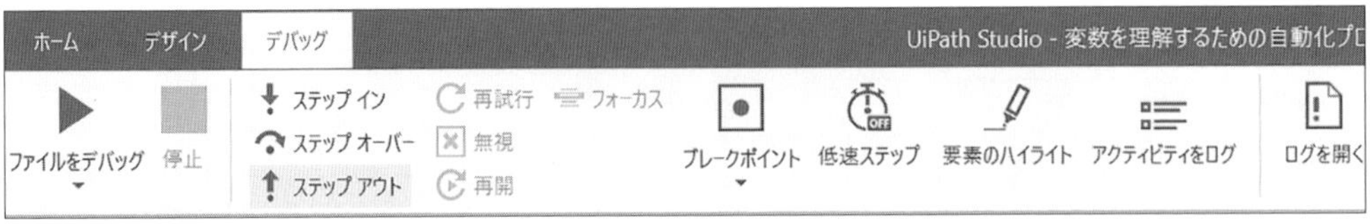

■図 3.21 デバッグ

「デバッグ」リボンでできる操作を説明します（表 3.5）。

| 操作名称 | 操作内容 | ショートカットキー |
|---|---|---|
| ファイルをデバッグ | 現在選択しているワークフローファイルでデバッグを開始する。 | F6 |
| ファイルを実行 | 現在選択しているワークフローファイルで実行を開始する。 | Crtl + F6 |
| （プロジェクトを）デバッグ | プロジェクトの開始ワークフローに指定されているファイルでデバッグを開始する。 | F5 |
| （プロジェクトを）実行 | プロジェクトの開始ワークフローに指定されているファイルで実行を開始する。 | Crtl + F5 |
| ステップイン | シーケンスやフローチャートの内部まで全てのアクティビティを1つずつ一時停止してステップ実行する方法。 | F11 |
| ステップオーバー | シーケンスやフローチャートの内部は一時停止せず、現在のアクティビティと同じ階層の次のアクティビティで一時停止する方法。 | F10 |
| ステップアウト | シーケンスやフローチャートが1つ上位の階層に到達するまで一時停止せずに実行する方法。ステップインで詳細確認した後、同シーケンス内の残りのアクティビティは確認しなくても良いときなどに使用する。 | Shift + F11 |
| ブレークポイントを切り替え | ブレークポイントの設定を切り替える。クリックするごとに、「設定なし」、「有効」、「無効」が切り替わる。 | F9 |
| 低速ステップ | デバッグ速度を変更する。1倍速から4倍速まで選択できる。 | |
| 要素のハイライト | チェックを付けることで画面上での操作箇所を枠線で囲んでハイライト表示する機能。画面操作が不安定な場合の確認や、デモ動画を撮影したい場合にも便利な機能である。 | |
| アクティビティをログ | チェックすることで、詳細なログが記録される。ログの容量を減らしたい場合にはチェックを外す。 | |
| ログを開く | ログファイルが保存されているフォルダをエクスプローラーで開く。 | |

■表 3.5 デバッグ項目

「デバッグ」リボン＞「ファイルをデバッグ」ボタンをクリックするとデバッグ実行が開始さ

れます。

　ブレークポイントでワークフローが一時停止したら、現在の画面の状態や、変数の状態をローカルパネルで確認することができます（図 3.22）。

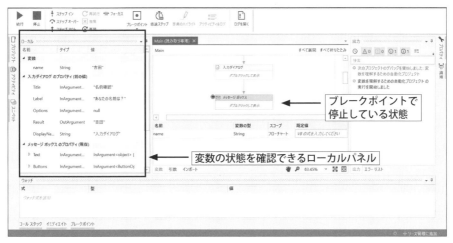

■図 3.22　状態の確認

　一時停止位置での確認が終わったら、次の処理（アクティビティ）に進めていきます。このときにステップを進める方法がいくつか用意されています（図 3.23、表 3.6）。

■図 3.23　次の処理に進める方法

| ステップ実行の手法 | 説明 |
|---|---|
| 続行 | 次のブレークポイントまで一時停止せずに進める方法。 |
| 停止 | デバッグ実行を停止する。 |
| ステップイン | シーケンスやフローチャートの内部まで全てのアクティビティを 1 つずつ一時停止してステップ実行する方法。 |
| ステップオーバー | シーケンスやフローチャートの内部は一時停止せず、現在のアクティビティと同じ階層の次のアクティビティで一時停止する方法。 |
| ステップアウト | シーケンスやフローチャートが 1 つ上位の階層に到達するまで一時停止せずに実行する方法。ステップインで詳細確認した後、同シーケンス内の残りのアクティビティは確認しなくても良いときなどに使用する。 |
| 再開 | 最初からデバッグ実行をやり直す。 |

■表 3.6　次の処理に進める方法の項目

## 3.5 エラー制御とリトライ処理

### 3.5-1 エラーとエラー制御

UiPath で作成したワークフローにバグがあった場合、プロジェクトを実行すると途中で止まってしまいます。いわゆる**エラー**が発生した状況です。

> **注** エラーのことを、**例外**とも言います。エラーと例外を別の概念としているケースもありますが、本書ではエラーと例外は同じものとして扱います。

UiPath でエラーが発生すると、後続の処理は実行されずにその時点で処理は中止され、エラー内容を示すメッセージが画面上に表示されます（図 3.24）。

■図 3.24　エラーメッセージの表示

何も制御をしなければ、画面上にエラーメッセージが表示され、ユーザーが「OK」をクリックするのを待ち続けることになります。例えば、エラーが発生したらメールで通知する処理を行いたい場合、その処理を作り込む必要があります。このエラー発生時の処理の作り込みを**エラー制御**と言います。

エラー制御を行うことで、想定していないエラーが発生した場合でも、エラー発生をメールで通知したり、エラー発生時の画面のスクリーンショットを保存したりすることができます。

エラー制御については Chapter14 で詳しく説明します。

### 3.5-2 リトライ処理

エラーが発生した際に、もう一度処理を繰り返すことを**リトライ**と言います。

UiPath では、操作するシステムやタイミング、設定によって、ボタンをクリックし損ねたり、画面の表示完了を待ちきれなかったりすることがあります。その場合、エラーが発生しプロセスは終了してしまいますが、もう一度そのプロセスを手動で再実行すると、うまくいく場合があります。

手動で再実行してうまくいくのであれば、ワークフロー内で再実行するように処理を組み込めば良いのでは、というのが**リトライ処理**です。

ただし、何でもリトライ処理をすればいいものではありません。デバッグをしてバグを取り除いたうえで、正しくリトライ処理を行うことで、安定性を向上させ、人の作業負荷を減らすことができます。

リトライ処理については、Chapter15 で詳しく説明します。

# Chapter 4

# UiPath で基本的なワークフローの作り方を学ぼう

本章は 5 つの節で構成されています。

| 節 | 内容 |
| --- | --- |
| 4.1 | RPA トレーニングアプリのダウンロード |
| 4.2 | RPA トレーニングアプリの画面説明 |
| 4.3 | 経費申請業務の自動化 |
| 4.4 | レコーディングによる画面操作の記録 |
| 4.5 | レコーディングで記録できない業務ロジックの作成 |

Chapter2 では、シンプルな自動化プロジェクトを作成しましたが、本章では反復処理を含む経費申請業務の自動化にチャレンジしましょう。

本章では、レコーディング機能の活用方法、レコーディングで自動化できない操作の自動化方法について解説します。また、Excel に記載された情報を元に、システムに繰り返しデータを入力するような業務の自動化方法を学ぶことができます。

 本章は UiPath でのワークフロー構築の一連の流れを理解するため、説明を省略している箇所もあります。少しわからないことがあっても、次章以降で説明します。まずは本章を読みながら手を動かして一連の流れを理解しましょう。難しいと感じる場合には先に Chapter11 まで読み進めてから本章を読んでいただくと理解が深まります。

## 4.1 RPA トレーニングアプリのダウンロード

本章では「RPA トレーニングアプリ」というデスクトップアプリケーションを操作しながら経費申請業務の自動化を行っていきます。以下のサイトにアクセスし、RPA トレーニングアプリ（RPATrainingApp.exe）をダウンロードします。

https://rpatrainingsite.com/downloads/

ダウンロードが完了したら、RPATrainingApp.exe をダブルクリックし、アプリケーションを起動します。

 起動時、警告メッセージが表示される場合があります。その場合は、以下のようにアプリ起動を許可してください（図 4.1）。

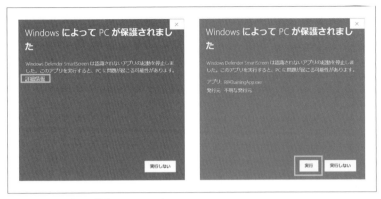

■図 4.1　アプリの警告メッセージ

## 4.2　RPA トレーニングアプリの画面説明

　自動化プロジェクトを作成する前に、使用する RPA トレーニングアプリの画面を確認しておきましょう。

### 4.2-1　RPA トレーニングシステムの画面説明

#### ●ログイン画面

　RPA トレーニングアプリの起動時に表示される画面です（図 4.2）。

■図 4.2　RPA トレーニングアプリの起動画面

　ログインには、以下のユーザー ID とパスワードを利用します（表 4.1）。

| 項目 | 値 |
| --- | --- |
| ユーザー ID | guest |
| パスワード | guest |

■表 4.1　ユーザー ID とパスワード

ユーザー ID とパスワードを入力し、ログインボタンをクリックします。ユーザー認証に成功するとメニュー画面に移動し、失敗すると認証エラーメッセージが表示されます（図 4.3）。

■図 4.3　ログイン失敗時の認証エラー

🈁　何度ログインに失敗しても、ロックされることはありません。

●メニュー画面

ログイン後に表示されるメニュー画面です（図 4.4、表 4.2）。

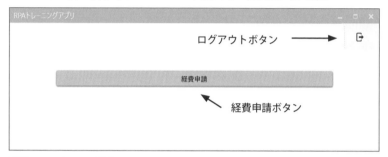

■図 4.4　メニュー画面

| 項目 | 操作 | アクション |
|------|------|------------|
| 経費申請ボタン | クリック | 経費一覧画面に移動する。 |
| ログアウトボタン | クリック | ログイン画面に戻る。 |

■表 4.2　メニュー画面の詳細

●経費申請一覧画面

申請済みの経費情報が一覧で表示される画面です（図 4.5、表 4.3）。

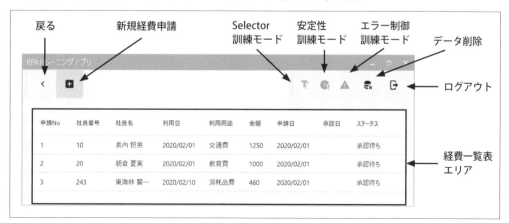

■図 4.5　経費申請一覧画面

| 項目 | 操作 | アクション |
|---|---|---|
| 戻る | クリック | メニュー画面に移動する。 |
| 新規経費申請 | クリック | 経費登録画面に移動する。 |
| Selector 訓練モード | クリック | 経費登録画面における入力項目の並び順がランダムになり、セレクターの調整が必要になる訓練モード。Chapter12 で使用する。 |
| 安定性訓練モード | クリック | アプリの応答時間がランダムになり、安定性を高める調整が必要になる訓練モード。Chapter18 で使用する。 |
| エラー制御訓練モード | クリック | 経費登録画面においてまれに登録エラーが発生するようになり、リトライ処理が必要になる訓練モード。Chapter15 で使用する。 |
| データ削除 | クリック | 登録した経費申請を全て削除する。 |
| ログアウト | クリック | ログイン画面に戻る。 |
| 経費一覧表エリア | 不可 | 申請済みの経費情報が表示される。 |

■表 4.3　経費申請一覧画面の詳細

●経費登録画面

　新規経費申請ボタンをクリックすると、経費申請を登録する画面になります（図 4.6、表 4.4）。

■図 4.6　経費登録画面

| 項目 | 操作 | アクション |
|---|---|---|
| ID | 不可 | 自動採番される経費申請番号が入る。 |
| 社員番号 | テキスト入力 | 社員番号を入力する。<br>数字以外を入力した場合、エラーとなる。 |
| 社員名 | 不可 | 入力された社員番号に紐づく社員名が表示される。<br>1 〜 300 まで 300 人の社員が登録されており、社員番号に 1 〜<br>300 以外を入力した場合、エラーになる。 |
| 利用用途 | プルダウン選択 | 以下項目から利用用途を選択する。<br>交通費 / 交際費 / 教育費 / 設備費 / 消耗品費 / 雑費 |
| 利用日 | カレンダー入力 /<br>テキスト入力 | 利用日を入力する。<br>未入力の場合、エラーになる。 |
| 金額 | テキスト入力 | 申請金額を入力する。<br>未入力の場合や、数字以外を入力した場合、エラーになる。 |
| 登録ボタン | クリック | 入力された経費情報をデータベースに登録する。<br>エラーが 1 つ以上ある場合、登録ボタンは押せない。 |
| 戻るボタン | クリック | 経費一覧画面に戻る。 |

■表 4.4　経費登録画面の詳細

### 4.2-2　自動化対象処理の説明

　業務の流れは以下です。

1. RPA トレーニングアプリに ID、パスワードを入力してログインします。

2. メニュー画面から経費一覧画面に移動します。

3. 経費一覧画面から、経費登録画面に移動します。

4. 経費を登録します。経費申請情報が一覧表に記載された Excel ファイルをもとに、10 件の経費情報を登録します。

5. 登録時の申請 No. と登録結果を Excel に出力します。

## 4.3　経費申請業務の自動化

❶ UiPath Studio で「Chapter04.3. 経費申請」という名前の新規プロセスを作成します。

❷ デザイナー画面が表示されたら、画面中央の「Main ワークフローを開く」をクリックし、[フローチャート] アクティビティをデザイナーパネルに配置します。

❸ 先ほどダウンロードした「RPATrainingApp.exe」を起動しログイン画面を表示します。

　Chapter2 で体験したレコーディング機能を使用し、ワークフローを作成していきます。

## 4.4　レコーディングによる画面操作の記録

レコーディングによる画面操作の記録方法について説明します。

### 4.4-1　レコーディングによる経費申請業務の自動化

❶「デザイン」リボン上の「レコーディング」アイコンをクリックします。RPAトレーニングアプリは、デスクトップアプリケーションなので、「デスクトップ」を選択します（図4.7）。

■図4.7　レコーディングの種類を選択する

❷「デスクトップレコーディング」ウィザードが表示されます。左から2番目の「レコーディング」アイコンをクリックし、レコーディングモードを開始します（図4.8）。

■図4.8　デスクトップレコーディング

マウスを操作しカーソルを移動すると、薄い青色で選択項目がハイライトされるようになります。これがレコーディングモードです（図4.9）。

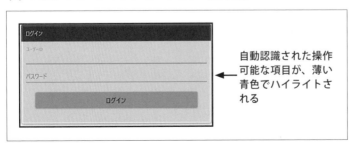

■図4.9 レコーディングモード

> **注** RPA トレーニングアプリを立ち上げていなかった場合は、一度キーボードの「エスケープ」キーを押してレコーディングモードを中止し、RPA トレーニングアプリを起動してから再度レコーディングを開始してください。
> UiPath ではアプリケーションの内部構造から操作可能な画面項目を自動で認識し、ハイライトします。このような認識手法を**オブジェクト認識**と言います。RPA における画面項目の認識手法には、「画面項目を画像として記録し、最も似ている画像を認識する**画像認識**」や「アプリケーション内の座標位置で認識する**座標認識**」などがあります。
> 画像認識や座標認識の場合は PC の解像度やアプリのレイアウトが変わった場合には動かなくなることが多く、オブジェクト認識手法を使用することで安定性向上に繋がります。

### ●ログイン処理のレコーディング

❸ 「ユーザー ID」をハイライトさせ、クリックします。値の入力ポップアップが表示されるので、入力欄に「guest」と入力し、「フィールド内を削除する」にチェックを付けて、Enter キーを押します（図 4.10）。

■図 4.10　ユーザー ID のハイライトと入力

❹ 先ほど入力した「guest」がアプリ側にも反映されました。続いて、パスワードを入力しましょう。同じ要領でパスワードをハイライトさせた状態でクリックし、ポップアップを表示させます。

❺ 今回はパスワードを入力するため、ポップアップ下部にある「パスワードを入力」をチェックし、合わせて「フィールド内を削除する」をチェックします。その状態で「guest」と入力し、Enter キーを押します（図 4.11）。

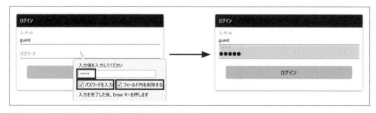

■図 4.11　パスワードのハイライトと入力

> **注** 「パスワードを入力」にチェックを付けると、パスワードが入力欄に表示されることなく入力されます。

❻「ログイン」ボタンをハイライトさせ、クリックします。認証に成功し、メニュー画面が表示されます（図4.12）。

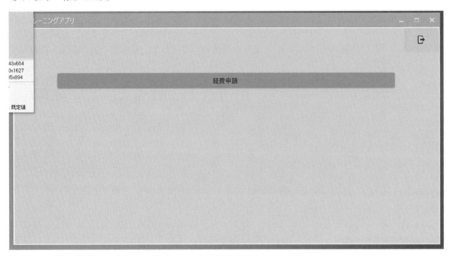

■図4.12　ログインに成功するとメニュー画面が表示される

> （注）ログインエラーが表示された場合は、半角文字で guest と入力できることを確認し、再度レコーディングをやり直してください。

●画面遷移処理のレコーディング

❼「経費申請」ボタンをハイライトさせクリックします。経費申請一覧画面が表示されます（図4.13）。

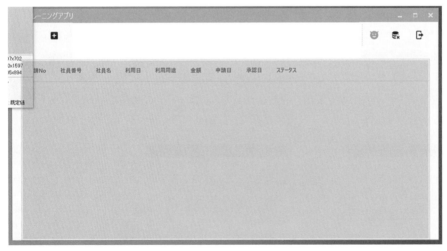

■図4.13　経費申請一覧画面のハイライト

❽ 新規経費申請ボタンをハイライトさせ、クリックします。経費登録画面が表示されます（図4.14）。

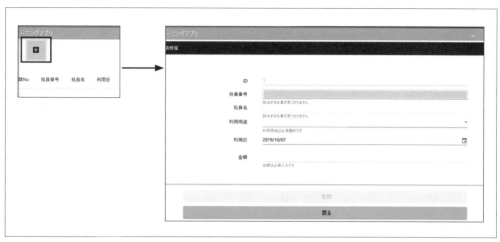

■図 4.14　新規経費申請ボタンから経費登録画面へ

●経費登録処理のレコーディング

　まずは社員番号を入力しましょう。

❾ 社員番号の入力欄をハイライトさせ、クリックします。「アンカーを使う」ダイアログが表示された場合、「このレコーディングセッションでは、再度このダイアログは表示しない」にチェックを付け「いいえ」を選択します。社員番号に「10」と入力し、「フィールド内を削除する」にチェックを付けて、Enter キーを押します（図4.15）。

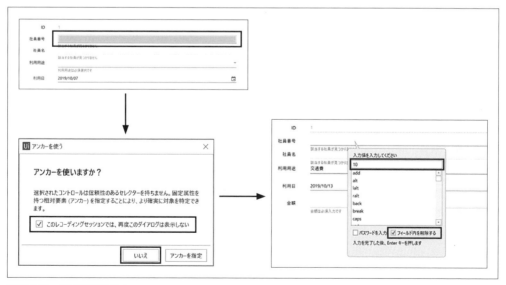

■図 4.15　社員番号の入力

続いて、利用日を入力しましょう。

❿ 利用日の入力欄をハイライトさせ、クリックします。利用日に「2019/10/01」と入力し、「フィールド内を削除する」をチェックし、Enter キーを押します（図4.16）。

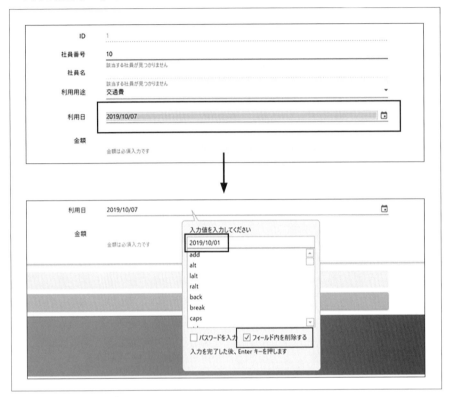

■図4.16　利用日の入力

最後に金額を入力します。

　　　　　　　　(注)　利用用途は次節で組み込むため、ここでは入力しません。

⓫ 金額の入力欄をハイライトさせ、クリックします。金額に「1000」と入力し、「フィールド内を削除する」をチェックし、Enter キーを押します。

⓬ 金額が画面に反映されると、登録ボタンを押せるようになります。登録ボタンをハイライトさせ、クリックします。

❸ 登録が完了すると、登録完了のメッセージが表示されるので、OK ボタンをハイライトさせ、クリックします。経費一覧画面が表示されます（図4.17）。

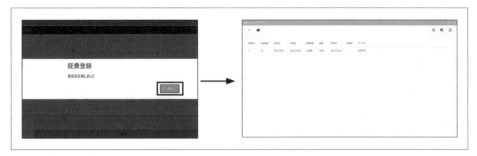

■図4.17　経費一覧画面に戻る

❹ ここまででレコーディングを終了しましょう。キーボードで「エスケープ」キーをクリックします。再びデスクトップレコーディングウィザードが表示されます。「保存＆終了」アイコンをクリックするとレコーディングが終了し、UiPath Studio の画面が表示されます。「デスクトップ」という表示名の［シーケンス］アクティビティが作成されます（図4.18）。

■図4.18　「デスクトップ」シーケンスが作成されている

❺「デスクトップ」シーケンスを選択し、右クリックメニューから、「StartNode として設定」を選択します。Start から線が繋がり、フローチャート右上のエラーアイコンが消えたことを確認します。

以上でレコーディング機能によるワークフローの作成は終了です。ここで「デスクトップ」シーケンスを開き、生成されたアクティビティを確認してみましょう（図4.19）。

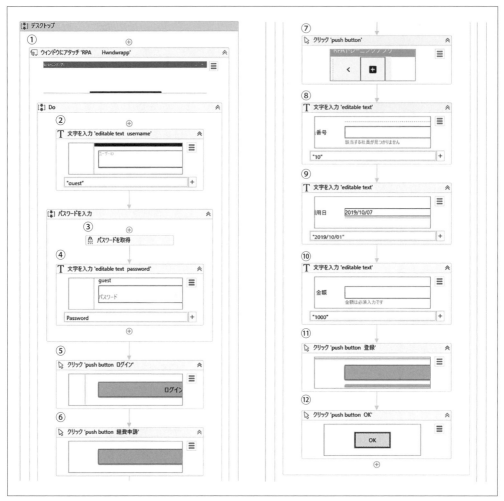

■図4.19　「デスクトップ」シーケンスに生成されたアクティビティ

上記のように12のアクティビティが作成されています。アクティビティ名は、レコーディング機能により画面項目から自動抽出されたシステム情報が設定されます。ところが、「ウィンドウにアタッチ 'RPA Hwndwrapp'」というように人が見ても意味がわからないものが多く、操作項目がわかるアクティビティ名に修正することを推奨します。

❶⓺ 順番にアクティビティを選択し、［表示名］プロパティを以下に修正しましょう（表4.5）。

| No | 表示名 | 処理 |
|---|---|---|
| 1 | ウィンドウにアタッチ：RPA トレーニングアプリ | RPA トレーニングアプリを探し、操作可能にする。 |
| 2 | 文字を入力：ユーザー ID | ユーザー ID を入力。 |
| 3 | パスワードを取得 | 入力されたパスワードを取得。 |
| 4 | 文字を入力：パスワード | パスワードを入力。 |
| 5 | クリック：ログインボタン | ログインボタンをクリック。 |
| 6 | クリック：経費申請ボタン | 経費申請ボタンをクリック。 |
| 7 | クリック：新規経費申請ボタン | 新規経費申請ボタンをクリック。 |
| 8 | 文字を入力：社員番号 | 社員番号を入力。 |
| 9 | 文字を入力：利用日 | 利用日を入力。 |
| 10 | 文字を入力：金額 | 金額を入力。 |
| 11 | クリック：登録ボタン | 登録ボタンをクリック。 |
| 12 | クリック：登録 OK ボタン | 登録完了メッセージの OK ボタンをクリック。 |

■表4.5　各アクティビティの［表示名］プロパティを修正する

　RPA トレーニングアプリを再起動し、ログイン画面が表示された状態でワークフローを実行してみましょう。

　いかがでしょうか。うまく登録できた方もいると思いますが、一覧画面の「＋」ボタンを押すところで止まっている方が多いのではないでしょうか。この画面は一覧読み込みに時間がかかるため、タイミングによっては、ボタンを押したつもりが押せておらず、エラーになることがあるからなのです。

　このような場合、［待機］アクティビティを追加することでタイミングによるクリックミスを減らすことができます。［待機］アクティビティは、指定した時間、ワークフローの実行を待機するアクティビティです。

❶⓻ 「＋」ボタンをクリックする前に、2秒間待機するように修正しましょう。［クリック：新規経費申請ボタン］アクティビティの前に、［待機］アクティビティを配置し、［待機期間］プロパティに「00:00:02」と入力します（図4.20）。

■図4.20　［待機］アクティビティと［待機期間］プロパティ

RPA トレーニングアプリを再起動し、ログイン画面が表示された状態でワークフローを実行してみましょう。先ほどレコーディングした操作が再実行され、正常終了されます。経費申請一覧画面に登録結果が反映されていれば OK です。

画面操作処理はレコーディング機能を活用することで、簡単かつスピーディに自動化できます。便利な機能ですが、レコーディング機能では記録できない処理もあります。次節では、レコーディングで記録できない処理を追加する方法を学習しましょう。

## 4.5 レコーディングで記録できない業務ロジックの作成

本節ではレコーディング機能で作成したワークフローを改良し、Excel の一覧表をもとに繰り返し入力を行うワークフローに進化させていきます。

### 4.5-1 レコーディングで記録できない操作とは

画面操作を行わない処理や、画面操作で表現できない処理はレコーディングで記録できません。それぞれについて整理してみましょう。

#### ●画面操作を行わない処理

画面操作を行わない処理の例としては、以下などが該当します。

・今日を基準に、一週間前の日付を計算する
・変数の作成、値の更新
・テキストファイル、Excel、CSV、PDFファイルなどからの情報取得
・テキストファイル、Excel、CSVファイルなどへの情報書き込み
・ログを出力する

日付の計算や変数の操作については、画面操作を行わないため、レコーディングで記録することができません。

Excel や PDF などのファイル入出力処理については、画面操作を行うこともできますが、UiPath では Excel や PDF などを操作するための専用のアクティビティが用意されています。それらのアクティビティを活用することで、より簡単に安定したワークフローを構築できます。PDF のアクティビティは Chapter5、Excel のアクティビティは Chapter10、11、19 で解説します。

#### ●画面操作で表現できない処理

画面操作で表現できない処理の例としては、以下などが該当します。

・「○○の場合、▲▲する」といった分岐構造
・「●●である限り、繰り返し△△する」といった反復構造

・指定した時間待機する

・指定したUI要素が表示されるまで待機する

・スクリーンショットを撮る

・エラー制御を行う

　順次構造でない分岐構造や反復構造などの制御構文、待機処理やエラー制御などはレコーディングでは記録できません。これらの処理はレコーディング後のワークフローに手動で追加し、カスタマイズする必要があります。

## 4.5-2　Excel ファイルの読み込み

Excel の経費一覧情報を読み込む処理を追加します。

### ●経費申請データのダウンロード

❶ 以下の URL にアクセスし「Chapter04_ 経費申請データ .xlsx」をダウンロードします。

https://rpatrainingsite.com/downloads/

❷ ダウンロードした Excel ファイルを開き、内容を確認します。シート名が「経費一覧」、見出し行があり、A ～ F 列が定義され、データは 10 件登録されていることを確認します。

> **注** この Excel ファイルをインプットに人が手動で経費登録を行う場合は、1 セルずつコピー&ペーストを行うかもしれません。UiPath では、表形式になっているデータは 1 セルずつではなく表データとしてまとめて読み込みます。そして 1 行ずつ抽出し登録作業を行うことができます。

❸ デザイナーパネルで最上位のフローチャートを表示します。「デスクトップ」シーケンスを開いている場合、以下より表示階層を切り替えることができます（図 4.21）。

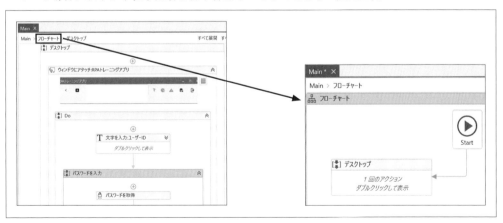

■図 4.21　表示階層を切り替える

● Excelを読み込むアクティビティの配置

❹ アクティビティパネルから［Excelアプリケーションスコープ］アクティビティを選択し、デザイナーパネルに配置し、アクティビティ名を「経費申請Excelの読み込み」に変更します（図4.22）。

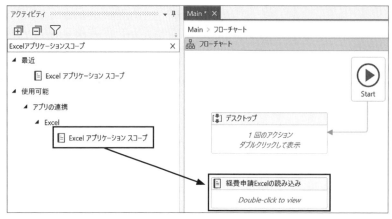

■図4.22　Excelアプリケーションスコープの配置

> 注　［Excelアプリケーションスコープ］アクティビティは、Excelファイルを指定して、Excelを操作するための準備を行うアクティビティです。

❺「経費申請Excelの読み込み」アクティビティをダブルクリックし、右の「ファイルを開く」アイコンから、ダウンロードしたExcelファイルを指定します（図4.23）。

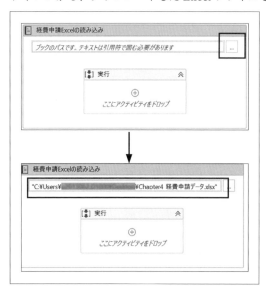

■図4.23　ダウンロードしたExcelファイルを指定する

「経費一覧」シートの表を取得するため、［範囲を読み込み］アクティビティを使用します。

❻ アクティビティパネルの検索欄から「範囲を読み込み」を検索し、表示されたリストの中から、「アプリの連携 > Excel > 範囲を読み込み」を選択し、「実行」シーケンスの中に配置します（図4.24）。

■図 4.24 ［範囲を読み込み］アクティビティの配置

> 注 「範囲を読み込み」と検索をすると、「システム > ファイル > ワークブック > 範囲を読み込み」という同名のアクティビティも出てきます。こちらを選択しないようにしてください。Chapter10 で詳しく説明します。

❼ ［範囲を読み込み］アクティビティでは、「シート名」と「セル範囲」を指定します。シート名には「"経費一覧"」と入力します（図4.25）。

■図 4.25 シート名の指定

❽ セル範囲に「""」を設定します（図4.26）。

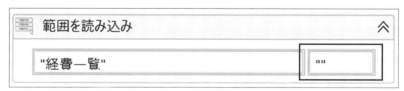

■図 4.26 セル範囲の指定

> 注 UiPath では、セル範囲に何も指定しない（ダブルコーテーションのみ）ことで、値が入っているデータ範囲を自動的に判断し、取得できます。セルの範囲を明示的に指定する場合、Excel と同様の書き方で範囲を指定します。例えば、A1 セルを始点に F11 セルまでを範囲指定する場合、"A1:F11" と設定します（図4.27）。

■図 4.27　始点と終点の範囲指定

　これで Excel の表データを読み込むことができましたが、取得した表データを別のアクティビティで使用するには変数に格納する必要があります。

❾ ［範囲を読み込み］アクティビティを選択し、プロパティパネルから［データテーブル］プロパティを選択し、右クリックメニューから「変数の作成」をクリックし、「expenseListDT」と入力し、エンターキーを押します（図4.28）。

> 注　［データテーブル］プロパティを選択し、キーボードの「Ctrl+K」でも変数が作成できます。

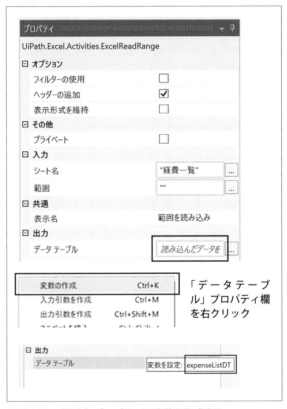

■図 4.28　［出力］プロパティで変数を作成する

❿ ［範囲を読み込み］アクティビティが選択された状態で、変数パネルを開き、正しく変数が作成されていることを確認します（図4.29）。

■図4.29　作成された変数の確認

> (注) プロパティパネルから変数を作成することで、適切な変数の型が設定された変数を作成することができます。変数パネルに「expenseListDT」が表示されない方は、［範囲を読み込み］アクティビティが選択状態になっているかを確認しましょう。それでも表示されない場合は、正しく変数が作成できていない可能性が高いので、再度変数の作成をやり直してみましょう。

⓫「expenseListDT」変数のスコープが「実行」となっています。これでは「実行」シーケンスを抜けた後には「expenseListDT」変数が使えなくなってしまうため、変数expenseListDTのスコープを「実行」から「フローチャート」に変更します（図4.30）。

■図4.30　スコープを実行からフローチャートに変更する

　これで、Excelファイルから読み取った表データをexpenseListDTというDataTable型の変数に格納するところまで構築できました。

　次節では、Excelの表データを1行ずつRPAトレーニングアプリに登録する処理を追加します。

　デザイナーパネルの表示をExcelアプリケーションスコープではなく、フローチャートまで戻しましょう。上部の階層リストからフローチャートを選択することで表示階層を切り替えます。

### 4.5-3　繰り返し登録処理の作成

　Excel（DataTable）の反復処理には［繰り返し（各行）］アクティビティを利用します。

❶ アクティビティパネルから［繰り返し（各行）］アクティビティをデザイナーパネルに配置し、アクティビティ名を「繰り返し（各行）：経費登録」に変更します（図4.31）。

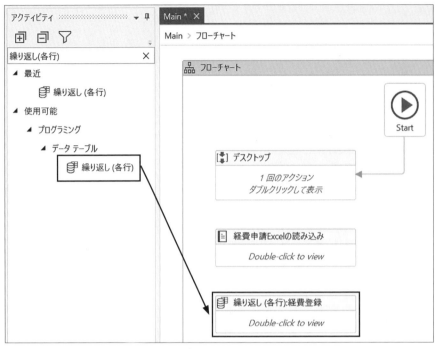

■図 4.31 ［繰り返し (各行)］アクティビティの配置

❷ ［繰り返し (各行)：経費登録］アクティビティをダブルクリックします。［繰り返し (各行)］
アクティビティの「コレクション」に繰り返し処理を行う DataTable 型の変数 expenseListDT
を設定します。expenseListDT 変数に含まれるデータの行数分 (今回だと 10 回)、Body が繰り
返し呼び出されます (図 4.32)。

| 社員番号 | 利用用途 | 利用日 | 金額 | 登録結果ID | 登録結果ステータス |
|---|---|---|---|---|---|
| 5 | 交通費 | 2019/10/1 | 340 | | |
| 8 | 教育費 | 2019/9/21 | 2800 | | |
| 22 | 交通費 | 2019/9/24 | 680 | | |
| 46 | 設備費 | 2019/10/4 | 150000 | | |
| 147 | 消耗品費 | 2019/10/5 | 180 | | |
| 252 | 交際費 | 2019/9/4 | 2440 | | |
| 98 | 雑費 | 2019/9/19 | 140 | | |
| 79 | 交通費 | 2019/10/15 | 920 | | |
| 10 | 交通費 | 2019/9/28 | 28960 | | |
| 139 | 交通費 | 2019/9/30 | 1800 | | |

■図 4.32　Body が呼び出される

　Body が 10 回繰り返し呼び出される際、1 行分のデータが要素 (row) に設定されます。繰り
返し 1 回目だと 1 行目のデータ、繰り返し 2 回目だと 2 行目のデータが row に設定されます (図
4.33)。

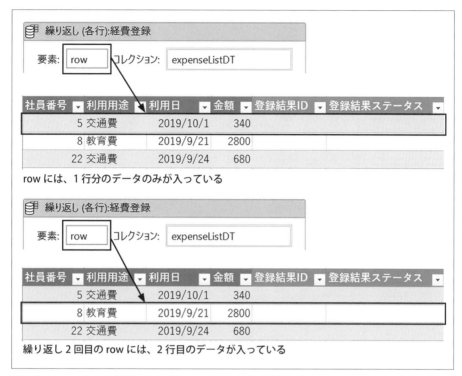

row には、1行分のデータのみが入っている

繰り返し2回目の row には、2行目のデータが入っている

■図 4.33　row で上から順にそれぞれの行データが呼び出される

　それでは、Body 内に繰り返し行う処理を定義しましょう。繰り返し行う必要のある処理は、レコーディング機能で作成した画面操作のうち（表 4.5）、[待機] アクティビティと No.7 ～ No.12 です（表 4.6）。

| No | アクティビティ名（[表示名] プロパティ） | 処理 |
|---|---|---|
| 7 | クリック：新規経費申請ボタン | 新規経費申請ボタンをクリック。 |
| 8 | 文字を入力：社員番号 | 社員番号を入力。 |
| 9 | 文字を入力：利用日 | 利用日を入力。 |
| 10 | 文字を入力：金額 | 金額を入力。 |
| 11 | クリック：登録ボタン | 登録ボタンをクリック。 |
| 12 | クリック：登録 OK ボタン | 登録完了メッセージの OK ボタンをクリック。 |

■表 4.6　繰り返し行う必要のある処理

❸ では実際にやってみましょう。レコーディングで作成した「デスクトップ」シーケンスを選択し、コピーします（図 4.34）。

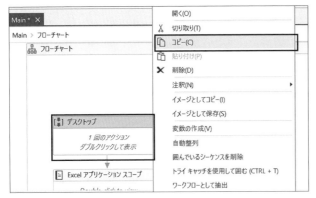

■図4.34 「デスクトップ」シーケンスをコピーする

❹［繰り返し（各行）：経費登録］アクティビティをダブルクリックで展開し、Body部を選択した状態で、右クリックし、貼り付けを行います（図4.35）。

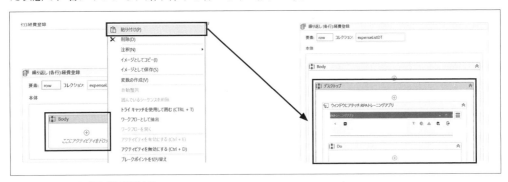

■図4.35 Body部に貼り付ける

表4.5より No.2 ～ No.6 までの不要な処理を削除します。

❺［文字を入力：ユーザー ID］アクティビティを選択し、右クリックメニューから削除を選択します（図4.36）。

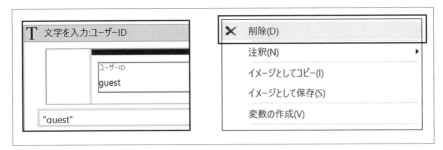

■図4.36 ［文字を入力：ユーザー ID］アクティビティを削除する

❻ 同様に No.3 〜 No.6 を削除します（表 4.7）。

| No | アクティビティ名（[表示名] プロパティ） | 処理 |
|----|----------------------------------|------|
| 3 | パスワードを取得 | 入力されたパスワードを取得。 |
| 4 | 文字を入力：パスワード | パスワードを入力。 |
| 5 | クリック：ログインボタン | ログインボタンをクリック。 |
| 6 | クリック：経費申請ボタン | 経費申請ボタンをクリック。 |

■表 4.7　不要なアクティビティを削除する

ここまでで以下の状態になっているはずです（図 4.37）。

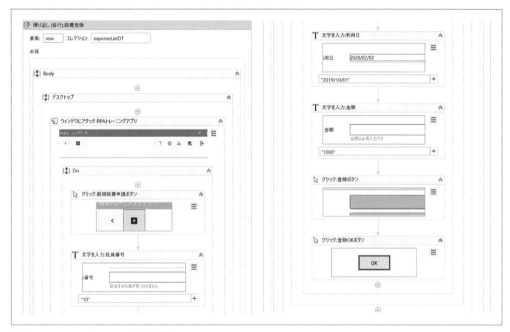

■図 4.37　ワークフローの途中経過

　これで繰り返し処理の中で、10 回登録を行うようになりましたが、まだ Excel のデータを使用していません。以下のアクティビティは Excel のデータを使用するように修正する必要があります（表 4.8）。

| No | アクティビティ名 | 処理 |
|----|--------------|------|
| 8 | 文字を入力：社員番号 | 社員番号を入力。 |
| 9 | 文字を入力：利用日 | 利用日を入力。 |
| 10 | 文字を入力：金額 | 金額を入力。 |

■表 4.8　対象のアクティビティを Excel のデータを使用するように修正

row という変数には 1 行分のデータが設定されていますが、row の中から「社員番号」情報を取得するためには、「社員番号」列を指定する必要があります（図 4.38）。

■図 4.38　社員番号列の指定

❼［文字を入力：社員番号］アクティビティを選択し、テキストを「row（" 社員番号 "）.ToString」に書き換えます（図 4.39）。

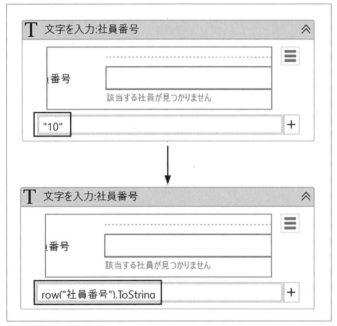

■図 4.39　行データの row から社員番号列を抽出する

　これは、row という行データから、" 社員番号 " 列の値を文字として抽出するという書き方です。

❽ 同様に［文字を入力：利用日］、［文字を入力：金額］アクティビティのテキストを「row（" 利用日 "）.ToString」、「row（" 金額 "）.ToString」に修正しましょう。

　最後に、レコーディングで設定しなかった利用用途についても選択する処理を追加しましょう。利用用途は、プルダウン（コンボボックスとも呼ばれます）になっています。プルダウンを設定するには、［項目を選択］アクティビティを使用します。

❾ ［項目を選択］アクティビティを［文字を入力：社員番号］アクティビティの下に配置し、ア
クティビティ名を「項目を選択：利用用途」に変更します（図4.40）。

■図4.40　アクティビティ名の変更

　手動でアクティビティを配置した際には、どの画面項目を操作するのかを設定する必要があり
ます。

❿ ［ウィンドウ内で要素を指定］というリンクをクリックし、「利用用途」プルダウンを選択し、
クリックします（図4.41）。

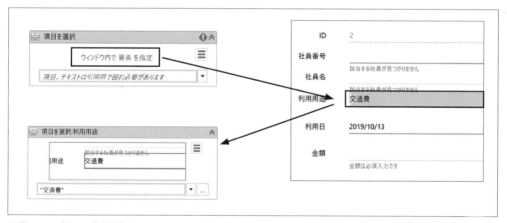

■図4.41　利用用途を選択する

❶ アプリで一度もプルダウンを表示していない場合、選択項目の一覧を取得できずエラーになる場合があります。「このコントロールは［項目を選択］をサポートしていません」メッセージが表示された場合は、一度 UiPath での操作を中止し、直接 RPA トレーニングアプリの「利用用途」プルダウンを操作したあと、再度 UiPath で［ウィンドウ内で要素を指定］というリンクをクリックし、操作をやり直してみてください（図 4.42）。

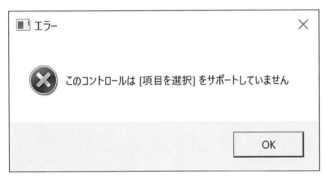

■図 4.42　エラー表示

　また、このような場合には［項目を選択］アクティビティの前に「利用用途」プルダウンのクリックを行う必要があります。

❷ ［項目を選択：利用用途］アクティビティの前に、［クリック］アクティビティを配置し、アクティビティ名を「クリック：利用用途」に変更します。そして、［ウィンドウ内で要素を指定］リンクをクリックし、「利用用途」プルダウンを指定します。

❸ ［項目を選択：利用用途］アクティビティで、Excel から取得したデータを設定するようにテキストを設定します（図 4.43）。

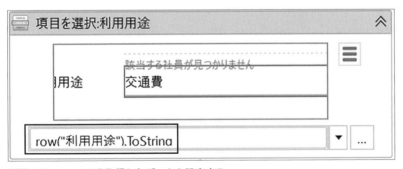

■図 4.43　Excel から取得したデータを設定する

これで繰り返し（各行）内の設定は完了です。最終的には以下のようになっているはずです（図4.44）。

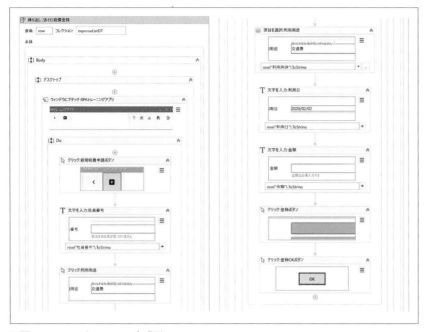

■図4.44　ワークフローの完成形

⓮　一度フローチャート階層まで戻り、「デスクトップ」シーケンスのアクティビティ名を「ログイン～経費申請画面遷移処理」に変更し、シーケンスをダブルクリックします。繰り返し処理に移植したNo.7 ～ No.12を削除します（図4.45）。

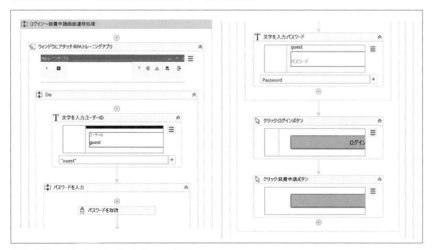

■図4.45　不要なアクティビティを削除

❶ 最後にフローチャートの接続線を以下のように設定します（図4.46）。

■図4.46　フローチャートの接続線の設定

　RPAトレーニングアプリを再起動し、ログイン画面が表示された状態でワークフローを実行してみましょう。正しく10件入っていれば成功です。

　過去に登録したデータを全て削除して最初から10件の登録を試してみたい場合、一覧画面でデータ削除をクリックします（図4.47）。

■図4.47　RPAトレーニングアプリのデータを削除

## 4.5-4 画面テキスト項目の取得とExcelファイルへの書き込み

　ここまででExcelの経費申請データを繰り返し入力する処理を自動化できました。最後に、画面上の申請No.を取得し登録結果とともにExcelへ書き込みを行う処理を追加しましょう。

### ●画面上の申請No.の取得

　経費登録時、画面上のID（申請No.）を取得し「expenseListDT」DataTable変数に設定します（図4.48）。

■図 4.48　経費登録時の ID を取得する

❶［繰り返し（各行）：経費登録］アクティビティ
を展開し、［文字を入力：金額］アクティビティ
の下に［テキストを取得］アクティビティを配
置し、アクティビティ名を「テキストを取得：
申請 No.」に変更します（図 4.49）。

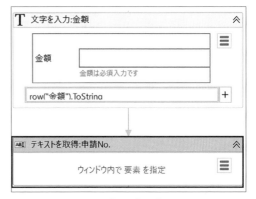

■図 4.49　アクティビティ名の変更

❷［ウィンドウ内で要素を指定］リンクをクリックし、経費申請画面の「申請 No.」を指定し
ます。

❸「caseID」という String 型の変数を作成し、［テキストを取得：申請 No.］アクティビティの「値」
プロパティに「caseID」を指定します（図 4.50）。

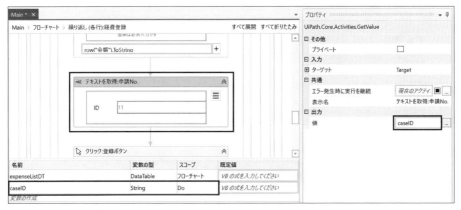

■図 4.50　［出力］プロパティの値を設定する

続いて「expenseListDT」DataTable 変数に取得した「caseID」、「登録結果ステータス」を設定します。

❹［クリック：登録 OK ボタン］アクティビティの下に、［代入］アクティビティを配置し、アクティビティ名を「代入：申請 No.」に変更します。「代入：申請 No.」プロパティには以下を指定します。

　　・左辺値：「row（"申請 No."）」
　　・右辺値：「caseID」

❺［代入：申請 No.］アクティビティの下に、［代入］アクティビティを配置し、アクティビティ名を「代入：登録結果ステータス」に変更します。「代入：登録結果ステータス」プロパティには以下を指定します。

　　・左辺値：「row（" 登録結果ステータス "）」
　　・右辺値：「" 成功 "」

　右図のようになっていれば OK です（図 4.51）。

■図 4.51　［代入］アクティビティの
プロパティ設定

● Excel ファイルへの書き込み

　最後に「Chapter04_ 経費申請データ .xlsx」に登録時の申請 No. と登録結果ステータスを書き込む処理を追加しましょう。

❻［フローチャート］階層まで戻り、［繰り返し（各行）：経費登録］アクティビティの下に、［Excel アプリケーションスコープ］アクティビティを配置し、アクティビティ名を「経費申請 Excel への書き込み」に変更します（図 4.52）。

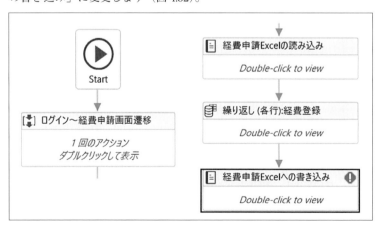

■図 4.52　［Excel アプリケーションスコープ］アクティビティの配置

❼ ［経費申請 Excel への書き込み］アクティビティを展開し、右の「ファイルを開く」アイコン
から、ダウンロードした Excel ファイルを指定します。

「経費一覧」シートに書き込むため、［範囲に書き込み］アクティビティを使用します。

❽ アクティビティパネルの検索欄から「範囲に書き込み」を検索し、表示されたリストの中
から、「アプリの連携 > Excel > 範囲に書き込み」を選択し、「実行」シーケンスの中に配置
します（図 4.53）。

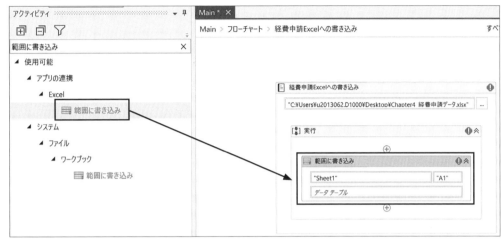

■図 4.53　［範囲に書き込み］アクティビティの配置

> **注**　「範囲に書き込み」と検索をすると、「システム > ファイル > ワークブック > 範囲に書
> き込み」という同名のアクティビティも出てきます。こちらを選択しないように注意し
> てください。Chapter10 で詳しく説明します。

❾ ［範囲に書き込み］アクティビティの以下プロパティを設定します（表 4.9、図 4.54）。

| プロパティ名 | 設定値 |
| --- | --- |
| ヘッダーの追加 | チェック ON |
| シート名 | "経費一覧" |
| 開始セル | "A1" |
| データテーブル | expenseListDT |

■表 4.9　プロパティの設定

■図 4.54　［範囲に書き込み］アクティビティのプロパティ

以上で完成です。RPA トレーニングアプリを再起動し、ログイン画面が表示された状態でワークフローを実行してみましょう。

10 件登録され、その際の申請 No. や登録結果ステータスが Excel に書き込まれていれば成功です（図 4.55）。

| | A | B | C | D | E | F |
|---|---|---|---|---|---|---|
| 1 | 社員番号 ▼ | 利用用途 ▼ | 利用日 ▼ | 金額 ▼ | 申請No. ▼ | 登録結果ステータス ▼ |
| 2 | 5 | 交通費 | 2019/10/1 | 340 | 1 | 成功 |
| 3 | 8 | 教育費 | 2019/9/21 | 2800 | 2 | 成功 |
| 4 | 22 | 交通費 | 2019/9/24 | 680 | 3 | 成功 |
| 5 | 46 | 設備費 | 2019/10/4 | 150000 | 4 | 成功 |
| 6 | 147 | 消耗品費 | 2019/10/5 | 180 | 5 | 成功 |
| 7 | 252 | 交際費 | 2019/9/4 | 2440 | 6 | 成功 |
| 8 | 98 | 雑費 | 2019/9/19 | 140 | 7 | 成功 |
| 9 | 79 | 交通費 | 2019/10/15 | 920 | 8 | 成功 |
| 10 | 10 | 交通費 | 2019/9/28 | 28960 | 9 | 成功 |
| 11 | 139 | 交通費 | 2019/9/30 | 1800 | 10 | 成功 |

■図 4.55　Excel への書き込み結果

以上が、基本的なワークフローの作り方です。レコーディングで作成できる部分を作成した後、Excel からのデータの取得や、繰り返し制御構文を追加し、カスタマイズしてきました。急に難しくなったと感じる人がいるかもしれません。

ただ、Excel からデータを取得する処理や、繰り返し処理など、覚えてしまえば他の業務でも同じパターンで自動化できるようになります。処理パターンやアクティビティを覚えるには、繰り返しそのパターンやアクティビティを使用するのが一番です。引き続きこの後の章を学ぶと、自然と覚えていくので最後まで進めていきましょう。

## Chapter 5

# アクティビティについて
# 学ぼう

本章は 5 つの節で構成されています。

| 節 | 内容 |
|---|---|
| 5.1 | アクティビティとは |
| 5.2 | アクティビティパッケージとは |
| 5.3 | PDF からテキストを取得する自動化プロジェクトの作成 |
| 5.4 | 知っておくべきアクティビティパッケージ |
| 5.5 | アクティビティのプロパティを見直そう |

　アクティビティは UiPath 社が提供するものだけでも 400 以上ありますが、そのほかにも IT ベンダーや有志のエンジニアが作成したものもあり、多くのアクティビティが存在します。これら全てのアクティビティを覚えることは現実的ではありませんが、アクティビティとアクティビティパッケージについて知っておくことは重要です。

　本章を読み進めることで、業務要件に応じて、アクティビティパッケージを追加し、活用する方法がわかり、自動化の範囲を広げることができるとともに、無駄な作り込みを減らすことができるようになります。

## 5.1　アクティビティとは

　フローチャートやシーケンスなど複数のアクティビティを組み合わせたものを**ワークフロー**といいます。複数のワークフローを組み合わせて、業務を自動化するプロジェクトを**プロセス**と呼びます。また複数のワークフローを組み合わせて、特定の処理を行う部品に変換したものは**ライブラリ**と呼ばれます。

　これらの根本にあるのはアクティビティです。**アクティビティは自動化プロセスの最小構成要素**です。

　UiPath Studio のアクティビティパネルでは現在のプロジェクトで使用できるアクティビティの一覧を確認することができます（図 5.1）。

■図5.1　アクティビティパネル

　さて、ここで質問です。PDFファイルのテキスト情報を取得するアクティビティはあると思いますか？　PDFファイルを扱う業務は多いので、あると考える人が多くいると思います。

　アクティビティの検索欄で、「PDF」と入力してみてください。「結果が見つかりませんでした」と表示されます（図5.2）。

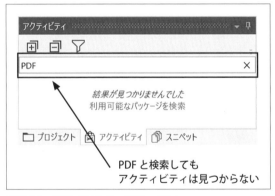

■図5.2　PDFのアクティビティがない

　これには理由があります。現在のプロジェクトには、**PDF操作アクティビティのパッケージ**が利用登録されていないからなのです。

## 5.2　アクティビティパッケージとは

　アクティビティパネルから、プロジェクトパネルに切り替えてください。プロジェクトパネルに依存関係という表示があり、その階層の下に、4行記載されています（図5.3）。

プロジェクト作成時に利用登録される
標準アクティビティパッケージ

■図5.3　アクティビティパッケージ

　これが**アクティビティパッケージ**と呼ばれるもので、特定のカテゴリーでアクティビティをひとまとめにしてパッケージ化されたものです。

　表示されている4つのパッケージはプロジェクト作成時にデフォルトで登録される標準パッケージになります（表5.1）。

| パッケージ名 | パッケージの内容 | 登録されているアクティビティの一例 |
| --- | --- | --- |
| UiPath.Excel.Activities | Excel 操作に関するアクティビティ | Excel アプリケーションスコープ<br>範囲を読み込み<br>セルに書き込み<br>マクロを実行 |
| UiPath.Mail.Activities | メール操作に関するアクティビティ | Outlook メールメッセージを取得<br>添付ファイルを保存<br>SMTP メールメッセージを送信 |
| UiPath.System.Activities | OS やファイル操作に関するアクティビティ | メッセージボックス<br>入力ダイアログ<br>ファイルを作成<br>テキストをファイルから読み込み |
| UiPath. UIAutomation. Activities | 画面操作に関するアクティビティ | クリック<br>文字を入力<br>ブラウザーを開く |

■表 5.1　標準パッケージの詳細

これらの標準アクティビティパッケージには PDF 関連のアクティビティが含まれていないため、アクティビティパネルで PDF と検索しても表示されなかったのです。

## 5.3 PDF からテキストを取得する自動化プロジェクトの作成

PDF からテキストを取得する自動化プロジェクトの作成を通じて、アクティビティパッケージの追加方法と活用の仕方を理解しましょう。

❶ UiPath Studio で「Chapter05.3.PDF からテキストを取得する」という名前の新規プロセスを作成します。

❷ デザイナー画面が表示されたら、画面中央の「Main ワークフローを開く」をクリックし、[フローチャート] アクティビティをデザイナーパネルに配置します。

それでは、この自動化プロジェクトで PDF 関連のアクティビティを利用できるようにパッケージを追加しましょう。

❸ 「デザイン」リボン上の「パッケージを管理」をクリックします（図 5.4）。

■図 5.4　パッケージを管理

❹ 「パッケージを管理」ダイアログが表示されます。「オフィシャル」を選択し、検索欄に「UiPath.PDF」と入力します（図 5.5）。

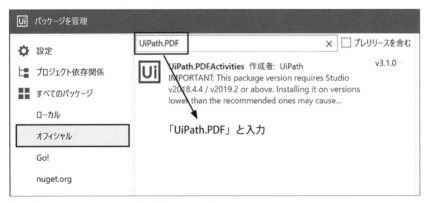

■図 5.5　「パッケージを管理」ダイアログから検索する

❺ 「UiPath.PDF.Activities」というパッケージが表示されます。パッケージを選択し、「インストール」を選択し、「保存」をクリックします（図5.6）。

■図5.6　パッケージのインストール

❻ 「ライセンスへの同意」ダイアログが表示されます。内容を確認の上、「同意する」をクリックします（図5.7）。

■図5.7　ライセンスへの同意

　パッケージのダウンロードとインストールが完了したら、まずはプロジェクトパネルを見てみましょう。UiPath.PDF.Activities が追加されています（図5.8）。

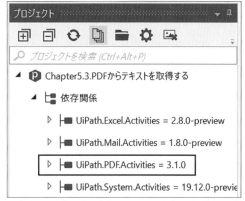

■図5.8　プロジェクトに PDF のアクティビティが追加された

アクティビティパネルの検索欄にて「PDF」と検索してみましょう。PDFパッケージ追加前は何も表示されませんでしたが、追加後は複数のアクティビティが表示されます（図5.9）。

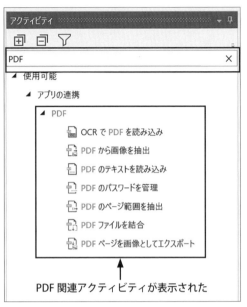

■図5.9　PDF関連アクティビティの確認

それでは実際にPDFファイルのテキスト読み込みを試してみましょう。

❼ 以下のURLにアクセスし「Chapter05_PDF読み込み.pdf」を任意のフォルダにダウンロードします。

https://rpatrainingsite.com/downloads/

❽ アクティビティパネルから［PDFのテキストを読み込み］アクティビティを選択し、デザイナーパネルに配置し、Startと線で繋ぎます（図5.10）。

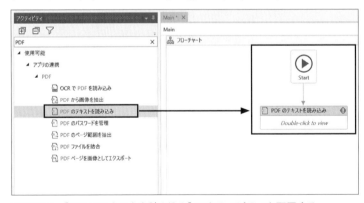

■図5.10　［PDFのテキストを読み込み］アクティビティを配置する

> 注　［PDFのテキストを読み込み］アクティビティは、PDFのテキスト情報を読み込み、String型の変数に設定するアクティビティです。

❾ ［PDF のテキストを読み込み］アクティ
ビティの［ファイル名］プロパティにて、
ダウンロードした PDF ファイルのパスを
設定します（図 5.11）。

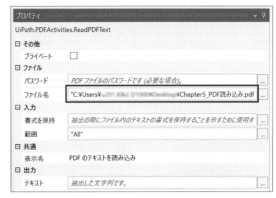

■図 5.11　PDF ファイルのパスを設定する

❿ 続いて［テキスト］プロパティを選択し、右クリックメニューから「変数の作成」を選択し、
「pdfText」という変数を作成します。変数パネルを開き、pdfText が作成されていることを確
認しておきましょう（図 5.12）。

■図 5.12　変数の作成

⓫ フローチャートに戻り、[メッセージボックス] アクティビティを [PDF のテキストを読み込み] アクティビティの下に配置し、[テキスト] プロパティに「pdfText」変数を設定します（図5.13）。

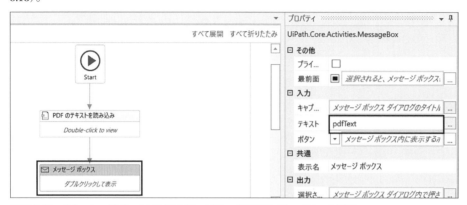

■図5.13　[メッセージボックス] アクティビティの配置とプロパティの設定

以上で完成です。

実行し、以下のメッセージが表示されれば成功です（図5.14）。

■図5.14　メッセージボックスの表示

このように、プロジェクト作成時の標準パッケージに含まれていない処理でも、アクティビティパッケージを追加することで、UiPath で自動化できる範囲を広げることができます。

## 5.4　知っておくべきアクティビティパッケージ

ここで、著者がお勧めするアクティビティパッケージを紹介します。

特に UiPathTeam.Basic.Activities はお勧めです。文字加工操作や日付の計算、ファイルやフォルダに関する操作などは通常、Chapter20 で学ぶ VB.NET 関数を使わなければなりませんが、本アクティビティではこうした VB.NET 関数がアクティビティとして提供されており、VB.NET 関数を知らなくても同様の操作を自動化することができます。

それ以外のアクティビティパッケージも知っていれば自動化の範囲を広げることができるので、是非目を通してください（表5.2）。

| パッケージ名 | パッケージの内容 | 登録されている<br>アクティビティの一例 |
|---|---|---|
| UiPathTeam.Basic.<br>Activities | .NET Framework の各種メソッドを知らなくても、データ操作またはシステム (OS) 操作を可能にするアクティビティが多数含まれる。 | 文字列を置換<br>日付を加算<br>スクリーンショットをファイルに保存<br>zip ファイルを解凍 |
| UiPathTeam.Excel.<br>Activities | Excel の罫線設定、書式設定、列幅の調整など、Excel に関する細かな設定を可能にするアクティビティが多数含まれる。 | 列の幅を自動調整<br>範囲の格子罫線を設定<br>シートに画像を挿入 |
| UiPath.Word.Activities | Microsoft Word 操作を自動化するアクティビティが含まれる。 | Word アプリケーションスコープ<br>PDF にエクスポート<br>テキストを読み込み<br>画像を追加 |
| UiPath.PDF.Activities | PDF ファイルからデータを抽出し、文字列変数に保存するアクティビティが含まれる。 | PDF のテキストを読み込み<br>OCR で PDF を読み込み |
| UiPath.Database.<br>Activities | Access や SQL Server、Oracle などのデータベース製品に接続し、クエリを発行することのできるアクティビティが含まれる。 | 接続（データベースに接続）<br>トランザクションを開始<br>クエリを実行 |
| UiPath.Web.Activities | HTTP 通信や SOAP 通信を行うためのアクティビティが含まれる。 | HTTP 要求<br>SOAP 要求<br>JSON をデシリアライズ<br>XML をデシリアライズ |
| UiPath.Terminal.<br>Activities | ホストコンピュータなどの操作自動化のため、ターミナルに接続してターミナル内で効率的に作業するためのアクティビティが含まれる。 | ターミナルセッション<br>キーを送信<br>カーソルを移動<br>テキストを取得 |
| UiPath.Cryptography.<br>Activities | 暗号化アルゴリズムを使用して、データをセキュアな形に変換できるアクティビティが含まれる。 | テキストを暗号化<br>テキストを復号化<br>ファイルを暗号化<br>ファイルを復号化 |
| UiPath.Credentials.<br>Activities | Windows 資格情報マネージャーで資格情報を保存、取得するためのアクティビティが含まれる。 | 資格情報を設定<br>資格情報を取得 |
| UiPath.FTP.Activities | ファイル転送プロトコル（FTP）でのファイルアップロード、ダウンロードなどができるアクティビティが含まれる。 | FTP セッションの開始<br>ファイルのダウンロード<br>ファイルのアップロード |
| UiPath.Form.Activities | ユーザーに入力を促す自由なフォーム画面を作成できるアクティビティが含まれる。 | フォームを作成<br>吹き出しデザイナー |

■表 5.2　お勧めのアクティビティパッケージ

| パッケージ名 | パッケージの内容 | 登録されている<br>アクティビティの一例 |
|---|---|---|
| UiPath.Salesforce.<br>Activities | Salesforce のプロセスを自動化する<br>ためのアクティビティが含まれる。 | Salesforce アプリケーションス<br>コープ<br>ファイルをダウンロード<br>レポートを実行 |
| UiPath.SAP.BAPI.<br>Activities | SAP Business Application<br>Programming Interface（BAPI）を呼<br>び出すことができるアクティビティ<br>が含まれる。 | SAP アプリケーションスコープ<br>SAP BAPI を呼び出す |
| UiPath.Cognitive.<br>Activities | Google、Microsoft、IBM Watson など<br>のコグニティブサービスを呼び出す<br>アクティビティが含まれる。 | Google テキスト分析<br>Google テキスト翻訳<br>Microsoft テキスト分析 |
| Microsoft.Activities.<br>Extension | 「Chapter16 外部設定ファイルを活用<br>しよう」で使用する Dictionary 変数<br>を簡単に扱えるようになるアクティ<br>ビティが含まれている。 | Add To Dictionary |

■表 5.2　お勧めのアクティビティパッケージ（つづき）

　上記で紹介したアクティビティパッケージの多くは、UiPath 社が提供しているものですが、このほかにも UiPath Connect というウェブサイトにて、様々なパッケージや、ワークフローテンプレート、ソリューションなどが提供されています。

https://connect.uipath.com/ja

　これらの部品を利用することにより、専門的な知識がなくても、様々な処理を簡単に自動化することに繋がります。

　UiPath Connect は、自分で作成したアクティビティをアップロードし、公開することもできます（UiPath 社による審査はあります）。

　「Chapter21 ライブラリを使って共通部品化を進めよう」では、自作アクティビティを作るライブラリ機能について紹介しています。本書を読み進めて、UiPath Connect にアクティビティをアップロードしてみるのも楽しいかもしれません。

## 5.5　アクティビティのプロパティを見直そう

　ここまで複数のアクティビティを利用してワークフローを構築してきました。その際、アクティビティのプロパティについては、設定が必須なもののみを指定してきましたが、設定を見直してもらいたいプロパティがあります。それは、［表示名］プロパティです。

　例えば、以下のワークフローを見てください（図 5.15）。

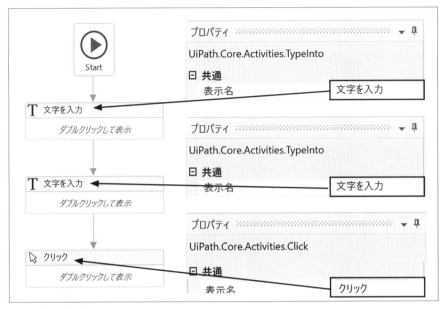

■図5.15　[表示名] プロパティ

　「文字を入力」や「クリック」と書かれているのが [表示名] プロパティです。[表示名] プロパティに設定された文字が、アクティビティの見出しとして使用されます。ワークフローの可読性（わかりやすさ）を上げ、メンテナンスをしやすくするためには、そのアクティビティで何を行っているのかが簡潔にわかる内容を [表示名] に設定しましょう。

　図5.15の例では、2箇所に文字を入力し、クリックをしていることしかわからず、これでは他の人が見たとき、何を行っている処理なのかわかりません。右図のようにアクティビティ名と対象箇所を明記することで、ID、パスワードを入力してログインボタンをクリックするログイン処理だとわかります（図5.16）。

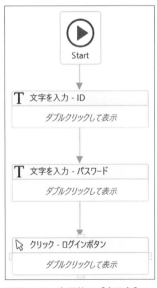

■図5.16　変更後の [表示名]

また、エラーが発生した際も［表示名］プロパティがエラーメッセージに表示されるため、［表示名］プロパティを適切に設定することは運用時のトラブル対応にも効果があります。

なお、さらに詳細にメモを残しておきたい場合は、注釈機能を使いましょう。アクティビティを選択し、「右クリックメニュー ＞ 注釈 ＞ 注釈を追加」を選択します（図5.17）。

■図5.17　注釈を追加する

注釈欄が表示されるので補足したいことを記載し、「ドッキング」アイコンをクリックするとアクティビティの注釈欄としてドッキングされます（図5.18）。

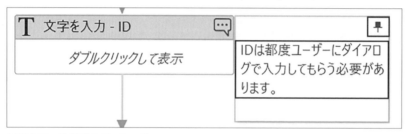

■図5.18　注釈欄のドッキング

このようにして、［表示名］プロパティには端的にアクティビティの説明を、詳細に補足したい場合は［注釈］を追加することで、可読性が向上し、作成者以外の方にも読みやすいワークフローになります。是非、表示名を見直す癖をつけておきましょう。

# Part ❷

UiPath の
画面操作・
Excel 操作を
理解しよう

# Chapter 6

# 画面操作に関する主要な
# アクティビティを理解しよう

本章は5つの節で構成されています。

| 節 | 内容 |
|---|---|
| 6.1 | クリックや文字入力などの入力系アクティビティ |
| 6.2 | テキスト取得などの出力系アクティビティ |
| 6.3 | 画面要素検出などの検出系アクティビティ |
| 6.4 | ブラウザーを開くなどの操作系アクティビティ |
| 6.5 | 画面操作が空振りするケースに対処する |

Chapter5では、アクティビティの基本的な概念について学習しました。

本章では画面操作の自動化に関する主要なアクティビティとそのプロパティ設定を解説したあと、画面操作が空振りするケースに対処する方法について演習を通じて学びます。

本章を読むことで、画面操作の自動化に関する主要なアクティビティとその使い方を理解し、画面操作における安定性向上に繋がる取り組み方法を学ぶことができます。

## 6.1 クリックや文字入力などの入力系アクティビティ

入力系アクティビティとは、入力欄やボタンなどの画面要素に対し、文字入力やクリック操作などを行うアクティビティを指します。代表的なものとして以下のアクティビティが存在します（表6.1）。

| アクティビティ名 | 説明 |
|---|---|
| クリック | 指定した画面要素をクリックする。 |
| 文字を入力 | 画面の画面要素に文字を入力する。 |
| ホットキーを押下 | 画面要素にキーボード操作を行う。 |
| 項目を選択 | コンボボックスまたはリストボックスから項目を選択する。 |
| チェック | ラジオボタンおよびチェックボックスをオンまたはオフにする。 |

■表6.1　入力系アクティビティ

これらには共通するプロパティが存在します。プロパティの既定値や、レコーディングによって生成されるアクティビティのプロパティ設定値は最適でない場合があります。推奨されるプロパティ設定について見ていきましょう。

●入力メソッド（デフォルト / ウィンドウメッセージを送信 / シミュレート）

　［クリック］アクティビティ、［文字を入力］アクティビティには、3種類の入力メソッドというものがあります。

・「デフォルト」モード

　最も基本的な入力方法です。［ウィンドウメッセージを送信］プロパティ、［クリック（入力）をシミュレート］プロパティをFalseにすることで、「デフォルト」モードとなります（図6.1）。

■図6.1　入力メソッドのデフォルトモード

　「デフォルト」モードは、**全てのアプリケーションで動作する**という点で他のモードより優れていますが、それ以外の点は他のモードのほうが優れており、「シミュレート」モードでも、「ウィンドウメッセージを送信」モードでも動作しないアプリケーションである場合に、「デフォルト」モードの使用を推奨します（表6.2、図6.2）。

| 項目 | 説明 |
|---|---|
| 互換性 | 全てのアプリケーションで動作する。 |
| バックグラウンド実行 | 対応していない。 |
| 速度 | シミュレートモードよりも処理速度は遅くなる。 |
| ホットキーのサポート | 特殊なキー操作を送信する機能をサポートしている（図6.2）。 |

■表6.2　「デフォルト」モードの詳細

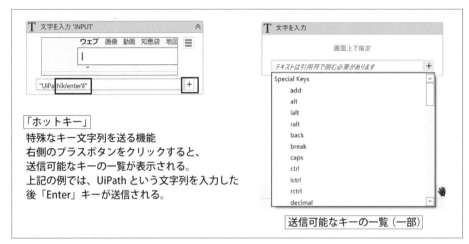

「ホットキー」
特殊なキー文字列を送る機能
右側のプラスボタンをクリックすると、
送信可能なキーの一覧が表示される。
上記の例では、UiPath という文字列を入力した
後「Enter」キーが送信される。

送信可能なキーの一覧（一部）

■図 6.2　ホットキーと送信可能なキー

**注**　「バックグラウンド実行」に対応していない場合、画面上に操作項目が表示されている必要があります。操作項目が何かのポップアップメッセージや、画面に隠れてしまった場合、クリックや入力を行うことができず、失敗することがあります。また［クリック］アクティビティの場合、マウスカーソルも移動するため、ユーザーのマウス操作と干渉してクリックに失敗することがあります。

- 「ウィンドウメッセージを送信」モード

　［ウィンドウメッセージを送信］プロパティを True、［クリック（入力）をシミュレート］プロパティを False にすることで、「ウィンドウメッセージを送信」モードとなります（図 6.3）。

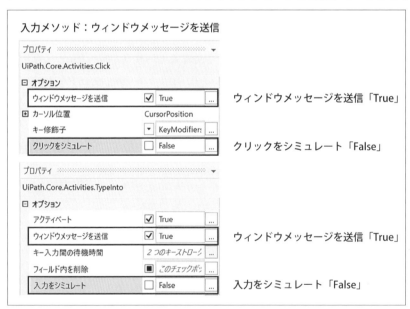

■図 6.3　入力メソッドの「ウィンドウメッセージを送信」モード

「ウィンドウメッセージを送信」モードは、バックグラウンドで実行でき、ホットキー入力もサポートする点で優れていますが、処理速度では「シミュレート」モードの2分の1程度になってしまいます。そのため、「シミュレート」モードでうまく動作しなかった場合、「ウィンドウメッセージを送信」モードを使用することを推奨します（表6.3）。

| 項目 | 説明 |
|---|---|
| 互換性 | 80%近くのアプリケーションで動作する。 |
| バックグラウンド実行 | 対応している。 |
| 速度 | 後述するシミュレートモードよりも処理速度は遅くなる。 |
| ホットキーのサポート | 特殊なキー操作を送信する機能をサポートしている。 |

■表6.3 「ウィンドウメッセージを送信」モードの詳細

• 「シミュレート」モード

［ウィンドウメッセージを送信］プロパティをFalse、［クリック（入力）をシミュレート］プロパティをTrueにすることで、「シミュレート」モードとなります（図6.4）。

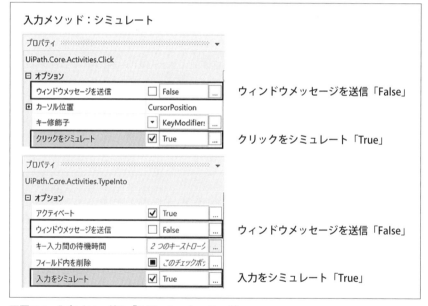

■図6.4 入力メソッドの「シミュレート」モード

「シミュレート」モードは、処理速度が最も速く、バックグラウンドで実行できるため、まずは「シミュレート」モードを使用することを推奨します。ただし、デスクトップアプリでうまく動作しない場合や、ホットキーと組み合わせることができないことなど、注意すべき点があります。「シミュレート」モードでうまく動作しなかった場合、「ウィンドウメッセージを送信」モードを使用し、それでもうまくいかない場合は、「デフォルト」モードを使用することを推奨します（表6.4）。

| 項目 | 説明 |
|---|---|
| 互換性 | 99%近くのウェブアプリケーションで動作する。60%近くのデスクトップアプリケーションで動作する。 |
| バックグラウンド実行 | 対応している。 |
| 速度 | 3種類の中でも最も高速。 |
| ホットキーのサポート | 特殊なキー操作を送信する機能をサポートしていない。 |

■表6.4 「シミュレート」モードの詳細

• フィールド内を削除

［文字を入力］アクティビティで、入力欄にすでに入力されていた文字を削除してから文字入力するかどうかを設定するプロパティです（図6.5）。

■図6.5 「フィールド内を削除」プロパティ

　既定値はチェックオフです。すでに入力されていた文字を削除してから、文字を入力するケースが多いと思いますので、チェックオンを推奨します。既存の文字列に追記したい場合のみチェックオフを設定するのが良いでしょう。

• カーソル位置

［クリック］アクティビティで画面上の項目をクリックする際のカーソル位置を指定するプロパティです（図6.6）。

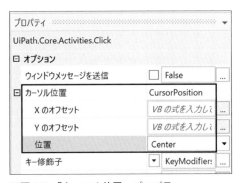

■図6.6 「カーソル位置」プロパティ

●カーソル位置：X,Y のオフセット

画面要素を操作する際のカーソル位置を水平方向（X）、垂直方向（Y）にずらす距離を設定します。プラス方向、マイナス方向の数値を設定できます。既定値は設定されていません。

●カーソル位置：位置

画面要素を操作する際のカーソル位置の起点を設定します。TopLeft、TopRight、BottomLeft、BottomRight、Center から選択できます。既定値として Center が設定されています。

レコーディングにて作成されたクリックアクティビティでは、「X,Y のオフセット」にはレコーディング時にクリックした場所、「位置」には TopLeft が設定されます。しかし多くの場合、画面要素の中央をクリックすることで安定性が向上するため、「X,Y のオフセット」は設定しないこと、「位置」は Center を設定することを推奨します（図 6.7）。

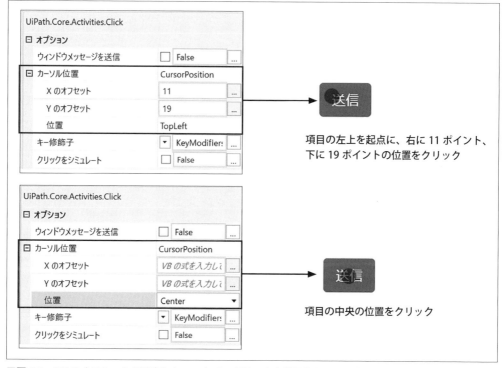

■図 6.7　X,Y のオフセットを設定しないことで、項目の中央位置をクリックする

• ターゲット

画面要素を一意に特定するためのセレクターや、例外が発生するまでの時間を指定するタイムアウトなど重要な設定を含むプロパティです（図 6.8）。

■図6.8 「ターゲット」プロパティ

●ターゲット：クリッピング領域

　座標指定を行う際に使用するプロパティです。既定値は設定されていません。セレクターと組み合わせて画面要素からの相対位置で座標指定を行うこともできますが、基本的には空であることを推奨します。

●ターゲット：セレクター

　画面要素を特定するためのテキスト情報です。既定値は設定されていません。

　画面要素を一意に特定できるように、セレクターエディター、UI Explorer でチューニングすることを推奨します。［ターゲット：要素］プロパティを指定する場合は、本プロパティを空にする必要があります。セレクターについては、Chapter7 で詳しく解説します。

●ターゲット：タイムアウト（ミリ秒）

　アクティビティ実行が完了するまで待機する時間です。指定した時間までに実行が完了しなかった場合、エラーが発生します。既定値は 30000 ミリ秒（30 秒）が設定されています。

　推奨される時間が何秒かは、操作するシステムやユースケースによって異なりますが、会社やプロジェクト全体で統一しておくと、エラー発生時に状況を把握しやすくなります。

●ターゲット：準備完了まで待機

　アクティビティを実行する前に、画面要素が準備完了状態になるまで待機するモードを設定します。NONE、INTERACTIVE、COMPLETE から選択します。既定値は INTERACTIVE が設定されています（表 6.5）。

| 設定値 | 説明 |
|---|---|
| NONE | 対象以外の画面要素が全て読み込まれるまで待つことなく、ウェブページからテキストを取得したり、特定のボタンをクリックしたりする場合に、このオプションを使用できる。ボタンがまだ読み込まれていない要素（スクリプトなど）に依存している場合、失敗する可能性がある。 |
| INTERACTIVE | 画面要素を含む一部のアプリケーションが読み込まれるまで待機する。 |
| COMPLETE | アプリケーション全体が読み込まれるまで待機する。 |

■表6.5　ターゲットの「準備完了まで待機」について

　「COMPLETE」を設定すると操作対象のアプリケーション全体が準備完了状態になるまで待機するため、安定することが多いです。基本的には「COMPLETE」を推奨します。ただし、一部のアプリケーションにおいては、全体を読み込むのに非常に時間がかかる場合があります。そういった場合は、「INTERACTIVE」や「NONE」を試してみて安定するようであれば、そちらを使用することを推奨します。

### ●ターゲット：要素

　画面要素を特定するために、セレクターではなく、別のアクティビティで取得した画面要素そのものを設定するプロパティです。既定値は設定されていません。

[要素を探す]アクティビティで検出した画面要素を操作する場合などに使用されます。[ターゲット：セレクター]プロパティを指定する場合は、本プロパティを空にする必要があります。

## 6.2　テキスト取得などの出力系アクティビティ

　出力系アクティビティとは、画面上のテキスト情報、ボタンの表示状態、表データなど、情報取得を行うアクティビティを指します。代表的なものとして、以下のアクティビティが存在します。こちらもRPAにおいて、頻繁に使用するアクティビティになります（表6.6）。

| アクティビティ名 | 説明 |
|---|---|
| テキストを取得 | 指定した画面要素からテキスト値を抽出する。 |
| 属性を取得 | 指定した属性の値を取得します。例えば、ボタンの有効化状態、表示非表示などの状態を取得することができる。 |
| 構造化データを抽出 | 指定したウェブページから表データを抽出する。 |

■表6.6　出力系アクティビティ

### ●出力値

　出力系プロパティに属するものは、画面などから取得した値を変数に出力する用途で使用されます（図6.9）。

■図6.9　出力系プロパティの「値」

## 6.3　画面要素検出などの検出系アクティビティ

　検出系アクティビティとは、画面上に要素が存在するかどうか、画面上に表示されているかどうかを検出するアクティビティなどを指します。代表的なものとして、以下のアクティビティが存在します（表6.7）。

| アクティビティ名 | 説明 |
| --- | --- |
| 要素を探す | 指定した要素が画面に表示される（前面に表示される）のを待ち、見つかった画面要素を UiElement 型の値として返す。 |
| 要素の有無を検出 | 画面要素が表示されていない場合でも、画面要素が存在するかどうかを真偽値（Boolean 型）で返す。 |
| 要素の消滅を待つ | 指定した要素が画面から表示されなくなるまで待機する。 |

■表6.7　検出系アクティビティの詳細

　システムによっては、ボタンのクリックなどに失敗しているのに次の処理へ進み、そこでエラーになってしまうケースがあります。これらは数回に1回など、確率で発生することも多くあります。

　こういったケースには、最も手軽な対処手段として、［待機］アクティビティを追加する方法があります。［待機］アクティビティで、数秒～数十秒程度の待ち時間を挟むことで、この問題を回避できることがあります。

　一方で、時間がかかる場合に合わせて待機時間を設定することになってしまい、処理が早く終わる場合も指定した秒数を待つことになるので、無駄な待ち時間が発生してしまいます。

　こうした際には、検出系アクティビティを使うことで無駄な待ち時間を減らすことができる可能性があります。

● ［要素を探す］と［要素の有無を検出］

　画面要素を検出する代表的なアクティビティとして、［要素を探す］と［要素の有無を検出］という2つのアクティビティがあります。

　この2つはいずれも画面上に要素が存在するか確認する機能を有しているため、主にクリック処理や文字入力処理、テキスト取得処理に失敗してしまう場合に利用します。

　ただし、2つのアクティビティ間で挙動が異なる点が大きく分けて3点あるため、その点をご紹介しながら使い分けのポイントを解説します。最初に2つのアクティビティのプロパティをご覧ください（図6.10）。

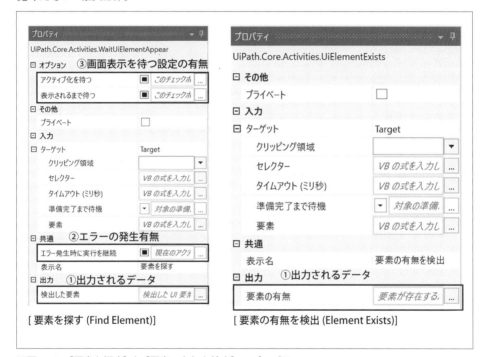

■図6.10　［要素を探す］と［要素の有無を検出］のプロパティ

1. 出力されるデータ

　1つ目の違いは、「出力されるデータ」です。［要素の有無を検出］アクティビティでは、見つかったかどうかの真偽値（True もしくは False）が返却されますが、［要素を探す］アクティビティでは、見つかった画面要素そのものが出力されます。

2. エラーの発生有無

　2つ目の違いは、「エラーが発生するかどうか」です。［要素の有無を検出］アクティビティでは、見つかったかどうかの真偽値が出力されるため、エラーが発生することはありませんが、［要素を探す］アクティビティでは、画面上の要素が見つからなかった場合はエラーが発生します。そのため、［要素を探す］アクティビティではエラー制御を行う必要があります。通常は発生しな

いエラーメッセージが表示されるかどうかの確認ロジックなどは、［要素の有無を検出］アクティビティを使うほうが相性は良いでしょう。

3. 画面表示を待つ設定の有無

　3つ目の違いは、「画面表示を待つ設定の有無」です。

　［要素の有無を検出］アクティビティでは、画面上の要素が存在することは検出できますが、画面に表示されているかは確認できません。［要素を探す］アクティビティでは、［アクティブ化を待つ］プロパティと、［表示されるまで待つ］プロパティが設定できるので、画面に表示されているかを確認することができます。

　画面には表示されていないが、画面要素は非表示の状態で存在しており、UiPath的には押したつもりで押せていないケースなどに対しては、［要素を探す］アクティビティの［表示されるまで待つ］プロパティをチェックすることで解消できる可能性があります（表6.8）。

| 差異項目 | ［要素を探す］ | ［要素の有無を検出］ |
|---|---|---|
| 出力されるデータ | 画面要素そのもの | 画面要素が見つかったかどうかの真偽値 |
| エラーが発生するかどうか | 発生する | 発生しない |
| 画面表示を待つ設定の有無 | 設定可能 | 設定不可 |

■表6.8　［要素を探す］と［要素の有無を検出］の差異

## 6.4　ブラウザーを開くなどの操作系アクティビティ

　操作系アクティビティとは、ブラウザーを開く処理や、すでに開いているアプリケーションに接続するなど、アプリケーションやブラウザーに対する操作を行うアクティビティなどを指します。代表的なものとして、以下のアクティビティが存在します（表6.9）。

| アクティビティ名 | 説明 |
|---|---|
| ブラウザーを開く | 指定したURLでブラウザーを開き、その中で複数のアクティビティを実行できるコンテナー。 |
| ブラウザーにアタッチ | すでに開いているブラウザーに接続して、その中で複数のアクションを実行できるコンテナー。 |
| タブを閉じる | ブラウザーのタブを閉じる。 |
| アプリケーションを開く | 指定したアプリケーションを起動し、その中で複数のアクションを実行するコンテナー。 |
| ウィンドウにアタッチ | すでに開いているウィンドウに接続して、その中で複数のアクションを実行できるコンテナー。 |
| アプリケーションを閉じる | 指定の画面要素に対応するアプリケーションを閉じる。 |

■表6.9　操作系アクティビティの詳細

新しくブラウザーやアプリケーションを立ち上げるときには、［ブラウザーを開く］や、［アプリケーションを開く］を使用します。すでに起動済みのブラウザーやアプリケーションを操作対象とする際には、［ブラウザーにアタッチ］や、［ウィンドウにアタッチ］を使用します。

## 6.5 画面操作が空振りするケースに対処する

6.3 節にて、システムによってはボタンのクリックに失敗しているのに次の処理に進み、そこでエラーになってしまうケースがあると説明しました。

本節では、そのような画面操作に失敗するケースを実際に体験していただき、その原因と対処法を学びます。

### 6.5-1 自動化するウェブ画面と操作手順の説明

使用するウェブ画面と操作手順を確認しておきましょう。

Google Chrome で、以下の URL にアクセスしてください。

https://rpatrainingsite.com/onlinepractice/chapter6.5/

「商品登録」タブをクリックし、少し経つと表示される商品名の入力欄に、「UiPath Studio」と入力し、「送信」ボタンをクリックします。

「商品名：UiPath Studio を登録しました。」というダイアログが表示されます。「閉じる」ボタンをクリックします（図 6.11）。

■図 6.11　自動化するウェブ画面と操作手順の確認

以上が、自動化するウェブ画面と操作手順です。

## 6.5-2　自動化プロジェクトの作成

それでは自動化プロジェクトを作成していきましょう。

❶ UiPath Studio で「Chapter06.5. 画面操作が空振りするケースに対処する」という名前の新規プロセスを作成します。

❷ デザイナー画面が表示されたら、画面中央の「Main ワークフローを開く」をクリックし、［フローチャート］アクティビティをデザイナーパネルに配置します。

　続いてレコーディング機能を使って、ウェブ画面の操作を記録しましょう。

❸「デザイン」リボン上の「レコーディング」＞「Web」アイコンをクリックし、Web レコーディングを開始します。

> 注　Web レコーディングを開始する前に、Google Chrome で、以下の URL を開いておいてください。https://rpatrainingsite.com/onlinepractice/chapter6.5/

❹ Web レコーディングウィザードが表示されるので、「ブラウザーを開く」をクリックします。

❺「RPA トレーニングサイト」全体をハイライトさせた状態でクリックし、同サイトの URL が表示されたら OK を押します（図 6.12）。

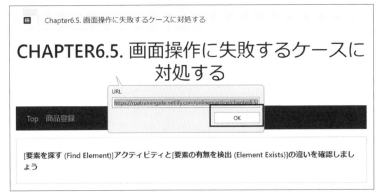

■図 6.12　サイトの URL が表示される

❻ Web レコーディングウィザードで、「レコーディング」アイコンをクリックし、レコーディングを開始します。

❼ 以降は先ほど確認した操作手順に沿って、①〜④のレコーディングを実施していきます（図 6.13、表 6.10）。

■図6.13 レコーディングの操作手順

| 操作番号 | 操作手順 |
|---|---|
| ① | 「商品登録」をクリック。 |
| ② | 商品名に「UiPath Studio」と入力。 |
| ③ | 「送信」をクリック。 |
| ④ | 「商品登録」完了ダイアログで「閉じる」をクリック。 |

■表6.10 レコーディングの操作手順の説明

ここまででレコーディングを保存して終了します。

❽UiPath Studioに新しく作成された「Web」シーケンスを展開し、アクティビティの表示名をそれぞれ以下に修正します（表6.11）。

| 修正前 | 修正後 |
|---|---|
| クリック 'A link_register' | クリック：商品登録タブ |
| 文字を入力 'INPUT name' | 文字を入力：商品名 |
| クリック 'BUTTON ShowButton' | クリック：送信ボタン |
| クリック 'BUTTON' | クリック：閉じるボタン |

■表6.11 アクティビティの表示名を変更する

❾「Web」シーケンスを StartNode として設定します。

以上で完了です。ブラウザーを開く操作から自動化したので、開いているブラウザーを閉じ、ワークフローを実行してみましょう。

「クリック：閉じる」アクティビティにて、ランタイム実行エラーとなったのではないでしょうか。ウェブ画面を見てみると、「商品登録」完了ダイアログが表示されていません（図 6.14）。

■図 6.14 「商品登録」完了ダイアログが表示されていない

### 6.5-3 クリック操作失敗の原因

「商品登録」完了ダイアログが表示されなかったのは、実は「送信」ボタンのクリックに失敗しているからです。

しかし「ランタイム実行エラー」ダイアログでは「送信」ボタンクリック処理ではなく、「閉じる」ボタンクリック処理でエラーになっています。

つまり、実際は「送信」ボタンのクリック処理に失敗しているにもかかわらず、UiPath は「送信」ボタンのクリック処理に成功したと認識しているのです。

なぜこのようなことが起きるのでしょうか。

このウェブ画面は「商品登録」ボタンを押してから 3 〜 10 秒経つと、「送信」ボタンを含む「商品登録フォーム」が表示される仕様となっています。「商品登録」ボタンを押してから「商品登録フォーム」が表示されるまでの間、「送信」ボタンは画面に表示されない状態ですが、要素としては存在しています（図 6.15）。

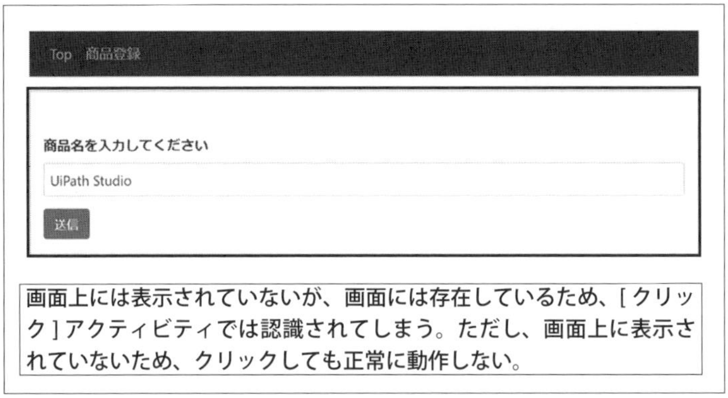

画面上には表示されていないが、画面には存在しているため、[クリック]アクティビティでは認識されてしまう。ただし、画面上に表示されていないため、クリックしても正常に動作しない。

■図6.15 「送信」ボタンが要素としてのみ存在している

UiPath の［クリック］アクティビティ他、画面操作を行うアクティビティにおいては、**画面上に要素が表示されているかではなく、要素が存在するかを判定している**ため、画面に表示されていなくても、要素が存在する場合にはクリックを行ってしまうのです（表6.12）。

| # | 要素の表示状態 | 要素の存在状態 | UiPath の検出 |
|---|---|---|---|
| 1 | 表示 | 存在 | 検出 |
| 2 | 非表示 | 存在 | 検出 |
| 3 | 非表示 | 存在しない | 非検出 |

■表6.12 要素の表示状態と存在状態、それぞれの検出について

今回、「送信」ボタンクリック処理は、#2の「非表示だが要素は存在する」状態でクリックされたため、アプリケーション側では処理が行われませんでした。一方、UiPath側は「送信」ボタンのクリックに成功したつもりになっていました。

そして「閉じる」ボタンのクリック処理は、#3の「非表示で要素も存在しない」状態であったため、30秒間待機したのち、要素が見つからないためエラーが発生したわけです。

### 6.5-4 クリック操作失敗への対処

さて、原因がわかったので、この問題に対して対処を行っていきましょう。

「非表示だが要素は存在する」状態の検出ではなく、「画面上に表示されている」状態を検出できるようにするには、［要素を探す］アクティビティを追加します。

❶［クリック：送信ボタン］アクティビティの前に、［要素を探す］アクティビティを追加します。

❷［ブラウザー内で要素を指定］をクリックし、ウェブ画面上で「送信」ボタンを指定します。

❸ アクティビティの表示名を「要素を探す：送信ボタン」に変更します。

❹「画面上に表示されている」状態を検出できるように、［表示されるまで待つ］プロパティをチェックします（図6.16）。

■図6.16 ［表示されるまで待つ］プロパティをチェック

　修正は以上です。ワークフローは以下のようになっているはずです（図6.17）。

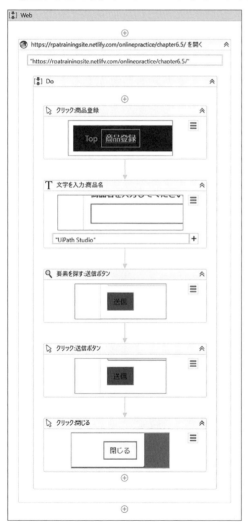

■図6.17　ワークフローの確認

「送信」ボタンが画面上に表示されるまで待ち、画面上に表示されたら「送信」ボタンをクリックするように変更を行いました。開いているブラウザーを閉じて、ワークフローを実行してみましょう。今度は最後まで正常に実行できます。

　今回は、画面操作に空振りするケースの対処法に着目したため、アクティビティのプロパティの見直しは行いませんでしたが、本来は見直すことが重要です。「Chapter13 アクティビティのプロパティをチューニングしよう」が本章で学んだプロパティの推奨設定を演習できる内容になっているので、そちらで実践していただければと思います。

# Chapter 7

# セレクターを理解しよう

本章は4つの節で構成されています。

| 節 | 内容 |
|---|---|
| 7.1 | セレクターとオブジェクト認識 |
| 7.2 | セレクターエディターによるセレクターの修復方法 |
| 7.3 | UI Explorer によるセレクターのチューニング方法 |
| 7.4 | セレクターの種類と特徴 |

　画面操作の自動化において、クリックに失敗したり操作項目が見つけられず止まってしまうことがあります。UiPath では画面上の操作項目を特定するため、「セレクター」と呼ばれる情報を頼りに画面の操作を行いますが、このセレクターが正しく設定されていないと、ワークフローが安定せず止まってしまいます。

　セレクターは UiPath Studio によって自動的に生成され、ほとんどの場合は生成されたセレクターにユーザーが手を入れる必要はありません。しかし、画面操作時にレイアウトが動的に変更されるものや、複雑な画面構成のアプリケーションもあります。場合によってはユーザーがいくつかのセレクターを手動で調整する必要があります。

　画面操作の自動化において、セレクターは非常に重要な概念である一方、しっかりした知識がなくても、なんとなく動いてしまうこともあり、エラー発生時にどう対応していいかわからない事態に陥ってしまうことがあります。

　本章では最初にセレクターとはなにかを解説し、画面操作に失敗してしまった場合に行うセレクターエディターによるセレクターの修復方法、UI Explorer によるセレクターチューニング方法について解説します。

　本章をお読みいただくことで、セレクターへの理解が深まり、画面操作に失敗してしまった場合のセレクターの修復方法、安定化方法を身につけることができます。

## 7.1 セレクターとオブジェクト認識

　人間は画面を見て「名前を入力してください」と見出しがあれば、名前の入力欄だと判断できます。しかし、UiPath のようなソフトウェアでは、人間と同じように判断することができません（図7.1）。

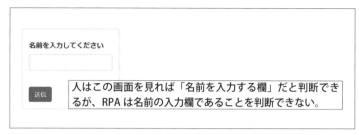

人はこの画面を見れば「名前を入力する欄」だと判断できるが、RPAは名前の入力欄であることを判断できない。

■図7.1　入力欄の判断

　我々の実生活においても、出張先のホテルへ行くときや、関係先の企業を訪問するときには、住所を検索することでその場所を特定し、たどり着くことができます。UiPathにおいても、画面上の項目を特定するためには、その項目の位置や要素の順番などの情報を教えておく必要があります。この**画面要素を特定するための位置や要素の順番などの情報のことをセレクター**といいます。

　セレクターはテキスト情報として記述されます。自分で調べて記述する必要はなく、UiPathがアプリケーションの構造を自動的に解析し、UI要素を特定するための住所情報を作成します。

　例えば「メモ帳アプリ」のメニュー欄の「ファイル」をクリックする操作をレコーディングすると、［クリック］アクティビティが生成されます。［クリック］アクティビティには［セレクター］というプロパティがあります。［セレクター］プロパティ右側の展開ボタンをクリックすると、セレクターエディターが表示されます。セレクターは以下となります（図7.2）。

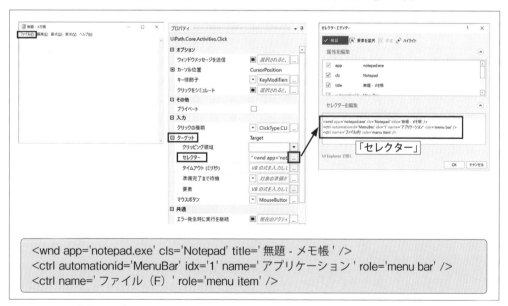

```
<wnd app='notepad.exe' cls='Notepad' title=' 無題 - メモ帳 ' />
<ctrl automationid='MenuBar' idx='1' name=' アプリケーション ' role='menu bar' />
<ctrl name=' ファイル（F） ' role='menu item' />
```

■図7.2　セレクターエディター

これは「無題 - メモ帳」というタイトルが付いた「notepad.exe」アプリで、「MenuBar」という ID が付いたエリアの中の、「ファイル（F）」という見出しのメニューアイテムを示しています。

このようにアプリケーションの構造を解析し、画面要素を特定する認識方法を**オブジェクト認識**といいます。オブジェクト認識以外の認識方法として、画像認識や座標認識といったものがあります。

RPA ツールの中には、画像認識を主要な認識方法として画面操作を行うツールもありますが、UiPath はオブジェクト認識を主として画面操作を行います。

オブジェクト認識を使用することによって、画面解像度の違いや、ブラウザーの表示位置の違いなど、ワークフローの実行環境に依存しない安定性の高い自動化を実現できます。

## 7.2 セレクターエディターによるセレクターの修復方法

セレクターは UiPath Studio によって自動作成されますが、システムや画面によっては安定しないこともあります。その場合「セレクターエディター」という画面でセレクターを調整します。安定しないセレクターとその修復方法について、演習を通じて学びましょう。

### 7.2-1 自動化するウェブ画面と操作手順の説明

使用するウェブアプリの画面と操作手順を確認しておきましょう。Google Chrome で、以下の URL にアクセスしてください。

https://rpatrainingsite.com/onlinepractice/chapter7.2/

Chapter6 で扱った画面とほぼ同じ見た目ですが、登録番号という表示が追加された商品登録のウェブ画面が開きます。

商品名の入力欄に「UiPath Studio」と入力し、「送信」ボタンをクリックします。「商品名：UiPath Studio を登録しました。」というダイアログが表示されます。「閉じる」ボタンをクリックします（図 7.3）。

以上が、自動化するウェブ画面と操作手順です。

■図 7.3　ダイアログの確認

### 7.2-2　自動化プロジェクトの作成

それでは自動化プロジェクトを作成していきましょう。

❶ UiPath Studio で「Chapter07.2. セレクター修復」という名前の新規プロセスを作成します。

❷ デザイナー画面が表示されたら、画面中央の「Main ワークフローを開く」をクリックし、［フローチャート］アクティビティをデザイナーパネルに配置します。

続いてレコーディング機能を使って、ウェブ画面の操作を記録しましょう。

❸「デザイン」リボン上の「レコーディング」＞「Web」アイコンをクリックし、Web レコーディングを開始します。

Web レコーディングを開始する前に、Google Chrome で、以下の URL を開いておいてください。

https://rpatrainingsite.com/onlinepractice/chapter7.2/

❹ Web レコーディングウィザードが表示されるので、「ブラウザーを開く」をクリックします。

❺「RPA トレーニングサイト」全体をハイライトさせた状態でクリックし、同サイトの URL が表示されたら OK を押します。

❻ Web レコーディングウィザードで、「レコーディング」アイコンをクリックし、レコーディングを開始します。

❼ 下記の操作手順に沿って、レコーディングを実施していきます（図 7.4、表 7.1）。

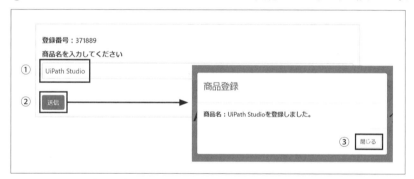

■図 7.4　レコーディングの確認

| 操作番号 | 操作手順 |
|---|---|
| ① | 商品名に「UiPath Studio」と入力。 |
| ② | 「送信」をクリック。 |
| ③ | 「商品登録」完了ダイアログで「閉じる」をクリック。 |

■表 7.1　自動化プロジェクトの操作手順

ここまででレコーディングを保存して終了します。

❽ UiPath Studio に戻ると「Web」シーケンスが作成されているので、「Web」シーケンスを展開し、アクティビティの表示名をそれぞれ以下に修正します（表7.2）。

| 修正前 | 修正後 |
|---|---|
| 文字を入力 'INPUT name_xxxxxx' | 文字を入力：商品名 |
| クリック 'BUTTON registerButton' | クリック：送信ボタン |
| クリック 'BUTTON' | クリック：閉じるボタン |

■表7.2　アクティビティの表示名を修正する

❾ 「Web」シーケンスを StartNode として設定します。

　以上で完了です。ブラウザーを開く操作から自動化したので、開いているブラウザーを閉じ、ワークフローを実行してみましょう。

　商品名が入力されないまま30秒経過するとエラーが発生し、実行に失敗します。エラーダイアログを見てみましょう（図7.5）。

■図7.5　エラーダイアログ

　［文字を入力：商品名］アクティビティで、「セレクターに対応する UI 要素が見つからない」というエラーが表示されています。

　こういった場合には、「セレクターエディター」というセレクターを確認・調整する画面を開いて、セレクターを確認します。

## 7.2-3　セレクターエディターの操作方法

　デザイナーパネル上の、［文字を入力］アクティビティの［ターゲット > セレクター］プロパティの右側にある展開ボタンをクリックします（図7.6）。

■図7.6　プロパティの展開ボタン

セレクターエディターが表示
されます（図7.7）。

■図7.7　セレクターエディターの表示

セレクターエディターは大きく3つのエリアに分かれています（表7.3）。

| エリア名 | 内容 |
|---|---|
| コマンドエリア | セレクターの検証や修復などの操作ボタンが並ぶエリア。 |
| 属性編集エリア | 画面上の操作項目を特定するためにどういった情報（属性）を使用するかを指定するエリア。 |
| セレクター表示編集エリア | セレクターの文字列情報が表示されるエリア。 |

■表7.3　セレクターエディターの表示エリア

コマンドエリアにある「検証」ボタンは、現在のセレクターが有効であるかどうかを検証することができます。現在開いているアプリケーション画面でセレクターが見つかれば、有効なセレクターと判断され、見つからなければ無効なセレクターと判断されます（図7.8）。

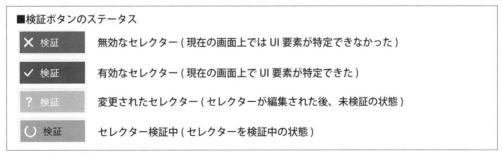

■図7.8　検証ボタンのステータス

図 7.7 の検証ボタンを見ると、現在の画面上では要素が特定できず、無効なセレクターと判断されていることがわかります。つまり、このセレクターでは「商品名の入力欄」が特定できないということを意味しています。

　ではセレクターがどう設定されているかを確認してみましょう。属性編集領域を見てみると、「id」という属性が指定されており、「name_147844」という情報が使われています（図 7.9）。

属性を編集

☑　app　chrome.exe

☑　url　*rpatrainingsite.netlify.com*

☑　id　name_147844

■図 7.9　「id」属性が指定されている

　その結果、現在のセレクターとしては図 7.10 のようになっています。

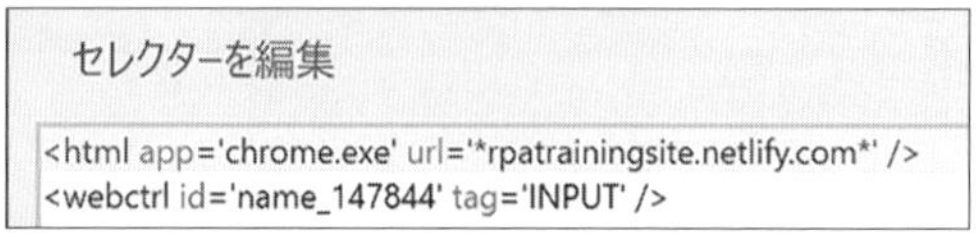

セレクターを編集

&lt;html app='chrome.exe' url='*rpatrainingsite.netlify.com*' /&gt;
&lt;webctrl id='name_147844' tag='INPUT' /&gt;

■図 7.10　現在のセレクター

　このセレクターが無効なセレクターと判断された理由を探るため、現在表示されているウェブ画面の「商品名の入力欄」のセレクターがどうなっているか確認しましょう。

　セレクターを現在のウェブ画面に表示されている「商品名の入力欄」に更新するには、「要素を選択」ボタンをクリックし、商品名の入力欄を選択します（図 7.11）。

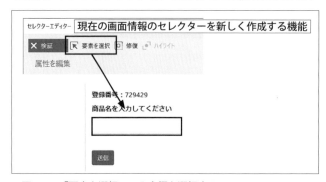

■図 7.11　「要素を選択」で入力欄を選択する

　画面の登録番号と id 属性の後半の数字が同じであることがわかりました。このウェブ画面において、id 属性は登録番号と関連付けられており、商品を登録し登録番号が更新されると、それに合わせて id 属性も変わってしまう作りのようです（図 7.12）。

■図7.12 「id」属性が登録番号に合わせて変更されている

　当初のセレクターには、要素を特定する情報として「前回の登録番号」が含まれているため、無効なセレクターと判断されていることがわかりました。

　この場合、後ろの数字部分は毎回変わることが予想されるため、数字部分を除いて判定できればよさそうです。

　UiPathでは、ワイルドカードというセレクター文字列内の0文字以上の文字を置換することができる（無視することができる）記号を使います。

　ワイルドカードは以下の2種類の記号を使います（表7.4）。

| エリア名（記号） | 内容（使い方） |
| --- | --- |
| ＊（アスタリスク） | 文字列内の0文字以上の文字を置換する。 |
| ？（疑問符） | 1文字を置換する。 |

■表7.4　ワイルドカード

　今回は後半の数字6文字を無視したいため、＊（アスタリスク）を使用します。

　セレクターエディターで、数字部分を選択し、＊（アスタリスク）に置き換えてください（図7.13）。

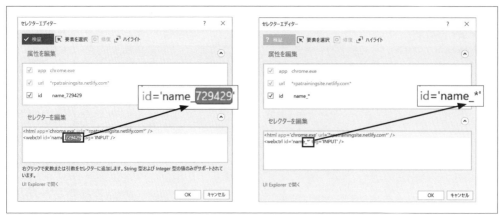

■図7.13　無視する文字を＊（アスタリスク）で置換する

「検証」ボタンの状態が、「セレクター検証中」の状態となるので、再検証をするため検証ボタンをクリックします。

再検証の結果、有効セレクターとなるはずです。

> **注**　有効にならない場合は対象のウェブページが立ち上がっているか確認してください。

続いて「ハイライト」ボタンをクリックすると、現在のセレクターで特定されたUI要素の周りに赤枠が表示されます（図7.14）。

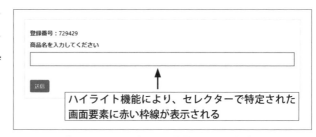

ハイライト機能により、セレクターで特定された画面要素に赤い枠線が表示される

■図7.14　「ハイライト」ボタンで特定された要素が表示される

> **注**　ハイライト機能は一度クリックすると、枠が表示され続けるので、非表示にしたいときはもう一度「ハイライト」ボタンをクリックしてください。

最後に、セレクターエディターで「OK」ボタンをクリックしたら、修正完了です。

ブラウザーを閉じ、ワークフローを実行し、正常終了することを確認しましょう。

## 7.2-4　セレクターの修復

先ほどのケースでは、二つのセレクターを見比べて、手動でワイルドカードを設定しましたが、セレクターエディターには修復前のセレクターと修復後のセレクターを比較し、差分を「＊（ワイルドカード）」で置き換えてくれる「修復」という機能があります。試してみましょう。

セレクターエディターを開き、「要素を選択」をクリックし、商品名の入力欄を選択して、現在画面の登録番号が含まれるセレクターを作成します（図7.15）。

■図7.15　セレクターの作成

ウェブ画面で、手動で「送信」ボタンをクリックし、登録番号を更新します。その状態でセレクターエディターを開き直すと、「検証」ボタンの状態が「無効なセレクター」になっているので、「修復」ボタンをクリックし、商品名の入力欄を選択します（図7.16）。

■図7.16　「修復」でセレクターの差分を自動的に判別する

そうすると、以下のポップアップが表示されるので、「OK」をクリックします（図7.17）。

■図7.17　セレクター更新に関するポップアップ

セレクターエディターが表示され、修復前
のセレクターと修復後のセレクターを比較し、
差分箇所を「*（アスタリスク）」で置き換え
てくれます（図7.18）。

■図7.18　セレクターの差分箇所が*に置き換えられ
ている

　基本的には、セレクターが見つからないエラーが発生した場合は、「検証」→「修復」というステッ
プにて、セレクターをチューニングします。多くの場合、これで安定するセレクターに修復され
ます。

　しかし、アプリケーションやシステムによっては、この方法ではうまくいかない場合もありま
す。別のチューニング方法として、次節でUI Explorerというツールを使ったチューニング方法
を解説します。

## 7.3　UI Explorerによるセレクターのチューニング方法

　前節ではセレクターエディターを使ったセレクターの調整を学びました。本節では、UI
Explorerというツールでのセレクターのチューニング方法を解説します。

　UI Explorerを使うとさらに柔軟なセレクターのチューニングが可能となります。セレクター
エディターではうまく調整できないケースとそのチューニング方法について、自動化プロジェク
トを作成しながら学びましょう。

### 7.3-1　自動化するウェブ画面と操作手順の説明

　使用するウェブアプリの画面と操作手順を確認しておきましょう。Google Chromeで、以下
のURLにアクセスしてください。

https://rpatrainingsite.com/onlinepractice/chapter7.3/

　セレクターに関するクイズが表示されるので、正解だと思う答えを選択し「登録」をクリック
してください。正解すれば「正解です！」と表示されます（図7.19）。

セレクタークイズ

セレクターにおいて、0文字以上の文字を置換することができる記号はどれでしょうか。

◉ ?(疑問符)

○ *(アスタリスク)

○ +(プラス)

登録

---

セレクタークイズ

間違いです。

閉じる

---

セレクタークイズ

正解です!

閉じる

■図7.19　正解か間違いかを判断するウェブ画面

注　「閉じる」ボタンをクリックする処理は自動化対象外とします。

　なお、画面を更新するたびに、解答候補の並び順が変わる仕様になっています。以上が、自動化するウェブ画面と操作手順です。

## 7.3-2　自動化プロジェクトの作成

　それでは自動化プロジェクトを作成していきましょう。

❶ UiPath Studio で「Chapter07.3.UI Explorer によるセレクター調整」という名前の新規プロセスを作成します。

❷ デザイナー画面が表示されたら、画面中央の「Main ワークフローを開く」をクリックし、［フローチャート］アクティビティをデザイナーパネルに配置します。

　続いてレコーディング機能を使って、ウェブ画面の操作を記録しましょう。

❸「デザイン」リボン上の「レコーディング」＞「Web」アイコンをクリックし、Web レコーディングを開始します。

注　Web レコーディングを開始する前に、Google Chrome で、以下の URL を開いておいてください。
https://rpatrainingsite.com/onlinepractice/chapter7.3/

❹ Web レコーディングウィザードが表示されるので、「ブラウザーを開く」をクリックします。

❺「RPA トレーニングサイト」全体をハイライトさせた状態でクリックし、同サイトの URL が表示されたら OK を押します。

❻ Web レコーディングウィザードで、「レコーディング」アイコンをクリックし、レコーディングを開始します。

❼ *（アスタリスク）の文字列部分を選択し、「登録」ボタンをクリックします（図7.20）。

セレクタークイズ
セレクターにおいて、0文字以上の文字を置換することができる記号はどれでしょうか。
- ?(疑問符)
- +(プラス)
- *(アスタリスク)

登録

■図7.20　セレクタークイズをレコーディングで自動化する

ここまででレコーディングを保存して終了します。

❽ UiPath Studioに作成された「Web」シーケンスを展開し、アクティビティの表示名をそれぞれ以下に修正します（表7.5）。

| 修正前 | 修正後 |
| --- | --- |
| クリック 'SPAN span3' | クリック：アスタリスク |
| クリック 'BUTTON answerButton' | クリック：登録ボタン |

■表7.5　アクティビティの表示名を修正する

**注** 画面の状態によって、「span3」ではなく、「span1」や「span2」と表示される場合もありますが問題ありません。

❾ 「Web」シーケンスをStartNodeとして設定します。

以上で完了です。ブラウザーを開く操作から自動化したので、開いているブラウザーを閉じ、ワークフローを実行してみましょう。

正解する場合もありますが、何度か実行するとエラーにはならず「間違い」になる場合があります。

このケースはあまり良くない事象で、意図した通りに動いていないにも関わらず、エラーにならないため次の処理に進んでしまう可能性があるのです。

この事象の原因もセレクターにあります。まずはセレクターエディターで確認しましょう。

## 7.3-3　セレクターエディターでの確認

［クリック：アスタリスク］アクティビティを選択し、セレクターエディターを開きましょう。有効なセレクターと認識されており、id属性に「span3」が設定されています（図7.21）。

■図7.21 「id」属性に「span3」が設定されている

「ハイライト」をクリックすると、現在のセレクターで特定された画面上の要素が赤枠で囲まれます。

Google Chrome で F5 キーで画面更新を行いながら、何度か「検証」→「ハイライト」を繰り返してみてください。何度か繰り返すと、常に同じ場所がハイライトされることに気づくはずです（図7.22）。

■図7.22 常に同じ場所がハイライトされる

つまり、現在のセレクターは、正解である「＊（アスタリスク）」を特定していたわけではなく、「一番下の解答箇所」を特定していたわけです。

これを、「＊（アスタリスク）」を選択するように調整するためには、セレクターに使用する「属性」を見直す必要がありますが、セレクターエディターでは全ての属性が表示されておらず、調整が十分にできない場合があります。こういった場合には、UI Explorer を使用します。

### 7.3-4 UI Explorer でのセレクターチューニング

セレクターエディター下部に「UI Explorer で開く」リンクがあり、それをクリックすると、UI Explorer というツールが開きます（図7.23）。

■図7.23 「UI Explorer で開く」をクリックする

UI Explorer はセレクターの高度な設定ができるツールです。多くの機能がありますが、ここでは右側の属性が並ぶパネルを見てください（図7.24）。

■図7.24 UI Explorer の属性パネル

セレクターエディターでは「id」属性しか表示されていませんでしたが、id 属性の他に、いくつか利用可能な属性が表示されています。場所を特定してしまう id 属性のチェックをはずし、*（アスタリスク）という文字を特定するために、「aaname」属性にチェックを付けてください（図 7.25）。

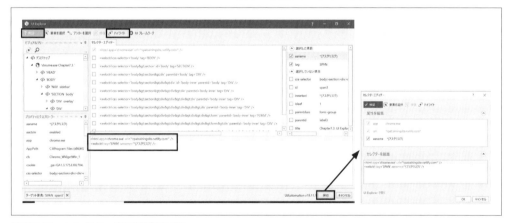

■図 7.25　id 属性のチェックを外し、「aaname」属性にチェックを入れる

UI Explorer 下部のセレクター表示領域が更新されているのを確認し、「検証」→「ハイライト」を行ってください。問題なければ「保存」ボタンをクリックします。セレクターエディターが表示され、UI Explorer で設定したセレクター情報に更新されます（図 7.26）。

■図 7.26　セレクター表示領域の更新

この状態でワークフローを再度実行してみましょう。今度は「*（アスタリスク）」の解答を常に選択するようになります。このように、自動生成されたセレクターの属性情報で安定しない場合は、UI Explorer を使用することで、どの属性を使用するかを変更することができます。

今回のように「画面上に表示される文字」をセレクターに指定したい場合、aaname 属性を設定します。セレクターの可読性も上がり、動作も安定することが多いため、ご自身の業務においても試してみてください。

**セレクターの種類と特徴**

　セレクターは、**完全セレクター**と**部分セレクター**に大別されます。それぞれの特徴について説明します。

### 7.4-1　完全セレクター

　完全セレクターとは、一つのアクティビティ内に、要素を特定できる全ての情報を持っているセレクターのことを指します。本章の最初に紹介した、メモ帳のメニュー欄の「ファイル（F）」のセレクターは、完全セレクターです（図 7.27）。

■図 7.27　完全セレクター

### 7.4-2　部分セレクター

　部分セレクターとは、一つのアクティビティ内に、要素を特定できる全ての情報を持たないセレクターのことを指します。代わりに、［ブラウザーにアタッチ］または［ウィンドウにアタッチ］アクティビティで囲まれます。

　メモ帳のメニュー欄の「ファイル（F）」を部分セレクターで作成すると、［ウィンドウにアタッチ］アクティビティと［クリック］アクティビティの2つが生成され、それぞれのセレクターは以下となります（図 7.28）。

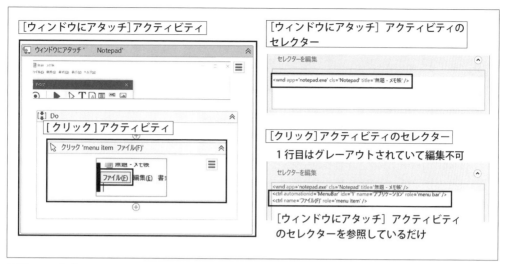

■図7.28　部分セレクター

## 7.4-3　完全セレクターと部分セレクターの使い分け

　部分セレクターはアクティビティが2つに分割され、セレクターも2つに分割されるので、複雑に思われるかもしれません。

　しかし、トップレベルウィンドウのセレクター（セレクターの1行目）は、「案件番号」や「タイトル情報」など、セレクターの調整を必要とする情報が含まれるケースも多く存在します。

　1画面で1操作だけであれば、完全セレクターのほうが修正量は少なく済みますが、多くの場合は1画面で複数項目の操作を行います。トップレベルウィンドウのセレクターの調整が必要となる場合、完全セレクターでは、全てのアクティビティのセレクターを修正しなければいけません。一方、部分セレクターでは、［ブラウザーにアタッチ］または［ウィンドウにアタッチ］アクティビティ1つのみの修正で済みます。そのため、基本的には部分セレクターを使用することを推奨します。

　部分セレクターは、デスクトップレコーディング、またはWebレコーディングによって作成できます。次章でレコーディング機能について学びましょう（表7.6）。

| セレクター種類 | 特徴 |
|---|---|
| 完全セレクター | UI要素の識別に必要な全ての要素情報が含まれるベーシックレコーディングによって生成される。 |
| 部分セレクター | ［ブラウザーにアタッチ］または［ウィンドウにアタッチ］アクティビティと部分的なセレクターにより構成される。デスクトップレコーディング、Webレコーディングによって生成される。 |

■表7.6　完全セレクターと部分セレクターの違い

# Chapter 8

# レコーディングを理解しよう

本章は3つの節で構成されています。

| 節 | 内容 |
|----|------|
| 8.1 | レコーディングの種類 |
| 8.2 | 自動レコーディングと手動レコーディング |
| 8.3 | レコーディングの便利な機能と注意するポイント |

　レコーディング機能はユーザーが行った画面操作を記録し、自動的にワークフローを作成する機能です。UiPathでワークフロー構築の経験を重ねていくと、ワークフローを機能ごとに分割しながら、保守性を考えて構築することも多く、開発者の中にはレコーディング機能を使わず、アクティビティの手動配置によりワークフロー構築を行う方もいます。

　しかし慣れるまでの間は、どのアクティビティを使えばいいか迷うことも多く、画面操作が多い場合にはアクティビティを手動配置してワークフローを構築するやり方では時間がかかることもあります。そこで、レコーディング機能を使えば、ワークフローの土台を作り、必要に応じてアクティビティを追加・修正するため、効率的にワークフロー構築を進めていくことができます。

　レコーディング機能にはいくつか種類とモードがあります。本章ではレコーディングの種類と使い分けについて解説した後、レコーディングで注意するべきポイントについて解説します。

　本章をお読みいただくことで、レコーディング機能の使い方の理解が深まり、レコーディング機能を活用した効率的なワークフロー開発の進め方を学ぶことができます。

## 8.1　レコーディングの種類

　レコーディング機能には次の6つの種類があります（図8.1）。

- ベーシック
- デスクトップ
- Web
- 画像
- ネイティブ Citrix
- コンピュータビジョン

■図8.1　6つのレコーディング機能

●ベーシックレコーディング

全てのアプリケーションに対して使用できるレコーディングの種類です。

「画像認識」や「座標認識」ではなく、アプリケーションの内部構造を自動的に解析して要素を特定する「オブジェクト認識」によって画面上の要素を検出し、操作します。

ベーシックレコーディングで生成されるアクティビティは、セレクターが全て完全セレクターとなります（図8.2）。

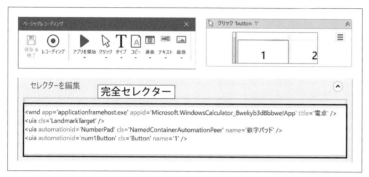

■図8.2　ベーシックレコーディング

1画面で1操作だけであれば、完全セレクターのほうが修正量は少なく済むため、ベーシックレコーディングでもかまいません。しかし多くの場合は1画面で複数項目の操作を行います。その場合、部分セレクターのほうが修正量は少なくなるため、基本的には部分セレクターを生成するデスクトップレコーディングやWebレコーディングを推奨します。

●デスクトップレコーディング

デスクトップアプリケーションに特化したレコーディングの種類です。UI要素をオブジェクト認識によって検出し操作します。

デスクトップレコーディングで生成されるセレクターは、トップレベルウィンドウの完全セレクターと、部分セレクターで構成されます（図8.3）。

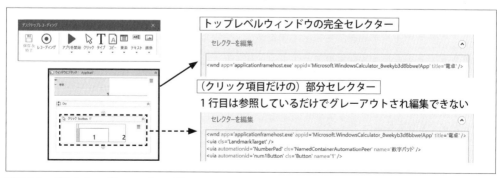

■図8.3　デスクトップレコーディング

## ● Web レコーディング

ウェブアプリケーションに特化したレコーディングの種類です。UI 要素をオブジェクト認識によって検出し、操作します。

Web レコーディングで生成されるアクティビティは、デスクトップレコーディングと同じく、トップレベルウィンドウの完全セレクターと、部分セレクターで構成されます（図 8.4）。

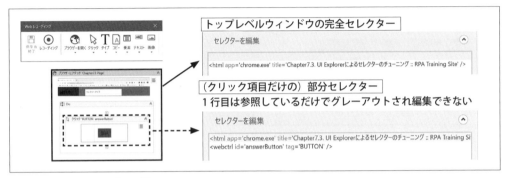

■図 8.4　Web レコーディング

## ●画像レコーディング

仮想環境（VNC、仮想マシン、Citrix など）に特化したレコーディングの種類です。UI 要素を画像認識、座標認識によって操作します（図 8.5）。

■図 8.5　画像レコーディング

仮想環境を自動化する場合、仮想環境のオブジェクト情報が取得できないため、画面上の画像と位置を頼りにして要素を探すことになります。このようにオブジェクト認識が利用できない場合には、画像レコーディングを使用することになります。

しかし、画像認識、座標認識を用いる画像レコーディングは、解像度や画面の表示状態など、実行環境に依存するところが多く、オブジェクト認識に比べて安定性が低いことがあります。業務特性によっては、利用を控えるほうがいい場合もあります。

## ●ネイティブ Citrix レコーディング

ネイティブ Citrix の自動化環境を構築した場合のみ使用できるレコーディングの種類です。UI 要素をオブジェクト認識によって検出し、操作します（図 8.6）。

■図 8.6　ネイティブ Citrix レコーディング

　仮想環境の自動化は、基本的に画像認識、座標認識しかできませんでしたが、クライアントマシンに UiPath Citrix 拡張をインストールし、Citrix Virtual App（旧 Citrix XenApp）アプリケーションサーバーに UiPath Remote Runtime コンポーネントをインストールすれば、Citrix App をローカルなアプリケーションと同様にオブジェクト認識することができます。

●コンピュータビジョンレコーダー

　機械学習をベースとする手法により画面イメージから UI 要素を検出するとともに OCR エンジンによりテキストを抽出して、UI を認識するレコーディングの種類です（図 8.7）。

■図 8.7　コンピュータビジョンレコーダー

> **注** AI Computer Vision を利用する場合は、UiPath AI Computer Vision Specific Terms（UiPath AI Computer Vision、特定条項）に同意する必要があります。AI 技術を用いて UI 要素を検出するために、スクリーンショットを UiPath またはその関連会社に送信するためです。したがって、AI Computer Vision によって個人データまたはその他の機密情報を処理しないでください。

## 8.2　自動レコーディングと手動レコーディング

　UiPath におけるレコーディングは、「クリック」や「文字入力」などのアクティビティ種別を明示的に指定しないで、操作内容に対して自動的にアクティビティを生成する**自動レコーディング**と、1 操作ずつアクティビティ種別を指定して記録する**手動レコーディング**の 2 つがあります。自動レコーディングと手動レコーディングは併用でき、自動レコーディングの途中で手動レコーディングを使用し、自動レコーディングを再開することもできます。

●自動レコーディング

「クリック」や「文字入力」などのアクティビティ種別を明示的に指定しないで、操作内容に対して自動的にアクティビティを生成するのが**自動レコーディング**と呼ばれるレコーディング方法です。ウィザード領域の**レコーディングアイコン**をクリックすると自動レコーディングが開始されます（図8.8）。

■図8.8　自動レコーディング

自動レコーディングでは、以下のルールに基づいてアクティビティが生成されます（表8.1）。

| 操作対象ユーザーインターフェース | 生成されるアクティビティ |
| --- | --- |
| ボタン、リンク | クリック |
| テキスト入力欄 | 文字を入力 |
| ドロップダウンリスト、コンボボックス | 項目を選択 |
| ラジオボタン、チェックボックス | チェック |

■表8.1　自動レコーディングで生成されるアクティビティ

自動レコーディングは、最も簡単に画面操作を記録できる一方で、記録できる操作の種類は限られています。

文字情報を取得する、表データを取得する、ブラウザーを開く、閉じるなどの操作を記録するためには、手動レコーディングを使用する必要があります。


●手動レコーディング

1操作ずつアクティビティ種別を指定して記録するのが手動レコーディングと呼ばれるレコーディング方法です。レコーディングウィザードの右側にある各種操作アイコンで記録したい操作種別を指定すれば、手動レコーディングが開始されます（図8.9）。

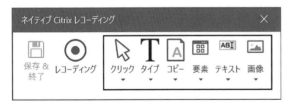

■図8.9　手動レコーディング

手動レコーディングを利用した場合、各アクションに対応して生成されるアクティビティは以下となります（表8.2）。

| アクション | 生成されるアクティビティ |
| --- | --- |
| アプリを開始 | アプリケーションを開く |
| アプリを閉じる | アプリケーションを閉じる |
| ブラウザーを開く | ブラウザーを開く |
| タブを閉じる | タブを閉じる |
| ブラウザーを閉じる | アプリケーションを閉じる |
| クリック | クリック |
| 項目を選択 | 項目を選択 |
| チェック | チェック |
| タイプ | 文字を入力 |
| ホットキーを押下 | ホットキーを押下 |
| テキストをコピー | テキストを取得 |
| 画面スクレイピング | フルテキストを取得 or 表示中のテキストを取得 |
| 相対位置でクリック | クリック |
| 右クリック | クリック |
| ダブルクリック | クリック |
| ホバー | ホバー |
| 要素を検出 | 要素を探す |
| 要素が消滅するのを待つ | 要素の消滅を待つ |
| 相対要素を探す | 相対要素を探す |
| （ウィンドウ）閉じる | ウィンドウを閉じる |
| 相対位置でスクレイピング | 画像を探す + クリッピング領域を設定 + OCR でテキストを取得 |
| データをスクレイピング | 構造化データを抽出 |
| テキストを設定 | テキストを設定 |
| 選択 & コピー | 文字を入力 + 選択されたテキストをコピー |
| 画像を探す | 画像を探す |
| 画像の消滅を待つ | 画像の消滅を待つ |
| 画像をクリック | 画像をクリック |
| テキストをクリック | OCR で検出したテキストをクリック |

■表8.2　手動レコーディングで生成されるアクティビティ

自動レコーディングを主として使用し、対応できないところを手動レコーディングに切り替えながら自動化を行っていくことを推奨します。

## 8.3 レコーディングの便利な機能と注意するポイント

　レコーディング中に使用できる便利な機能と、いくつか注意すべきポイントをご紹介します。

### ●レコーディングの便利な機能

　キーボードのF2をクリックすることで、レコーディングモードが3秒間一時停止し、その間に画面操作ができるようになります。

　これにより、操作対象の要素が前面に表示されていないものや、スクロールしないと表示されないもの、マウスホバーで表示されるメニューや右クリックして表示されるメニューの操作などもレコーディングできるようになります。

　そのほか、レコーディングモード中、以下のショートカットキーを使用できます。

- ESCキー：レコーディングを停止し、レコーディングダイアログに戻ります。
- F2キー：3秒間レコーディングモードを一時停止し、その間に画面操作ができるようになります。
- F3キー：オブジェクト認識ではなく、領域（座標）を指定して要素を選択します。生成されるアクティビティの［クリッピング領域］プロパティが設定されます。
- F4キー：オブジェクト認識を実現するためのUIフレームワークを変更します。既定値、AA（Active Accessibility）、UIA（UIAutomation）が選択できます。
- UIフレークワーク：既定値とAAとUIAについて既定値はUiPath独自の認識方法で、AAとUIAはMicrosoftのUI要素認識技術です。通常は既定値で問題なく機能しますが、既定値でうまくいかない場合は、AA、UIAに切り替えることで認識できる場合があります。

### ●レコーディングで記録できない操作

　レコーディングは非常に便利な機能ですが、基本的な画面操作の記録しかできません。例えば以下のような操作は、手動レコーディングでも記録できないため、レコーディング終了後デザイナーパネルにて手動でアクティビティを追加する必要があります。

- Excelを開いて、あるシートの表データを取得する
- CSVに書き込む
- Outlookでメールを送信する
- 分岐処理を行う
- 繰返し処理を行う

　レコーディングのみで全ての処理の自動化が行えるわけではありませんが、レコーディングを使用することで効率的にワークフロー構築ができます。

●生成されたアクティビティのプロパティ

　レコーディングで自動生成されたアクティビティのプロパティ設定は、必ずしも最適なプロパティ設定ではない場合があります。

　Chapter13でアクティビティのプロパティチューニングについて説明するので、そちらを参照して、見直しを行ってください。

　本章ではレコーディングについて学んできました。

　基本的なワークフロー構築の流れとして、自動レコーディングにて画面操作を記録しながら、画面上のテキストの取得や右クリックなど、自動レコーディングでは記録できない操作は手動レコーディングを併用し、画面操作のベースを作成します。手動レコーディングでも記録できない操作に関しては、レコーディング終了後、手動でアクティビティを追加します。それにより一連の処理がワークフロー化できた後、アクティビティプロパティの見直し、セレクターの見直し、ワークフローの分割などを行うことで安定したワークフローになっていきます。

# Chapter 9

# データスクレイピングを
# 理解しよう

本章は3つの節で構成されています。

| 節 | 内容 |
|---|---|
| 9.1 | データスクレイピングとは |
| 9.2 | 表形式データを自動抽出する |
| 9.3 | 構造化データを手動抽出する |

## 9.1 データスクレイピングとは

データスクレイピング機能とは、ウェブページやアプリケーションから構造化されたデータを抽出する機能です。構造化されたデータとは、Excelファイルのように、行と列から構成されるデータのことで、表形式のデータや規則性のあるデータのことを指します（図9.1）。

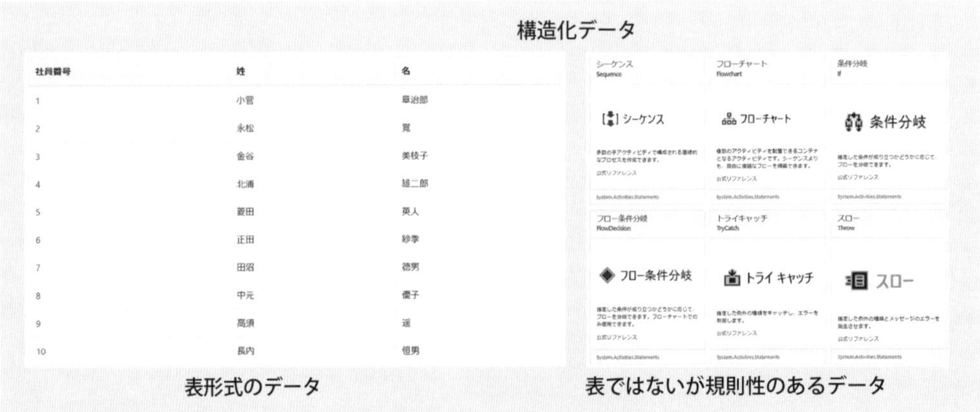

■図9.1 構造化データ

抽出された構造化データは、表データ（DataTable）型の変数に格納されます。ページが複数にまたがっても「次へ」ボタンのセレクターを指定することで、複数のページから構造化データを取得することができます（図9.2）。

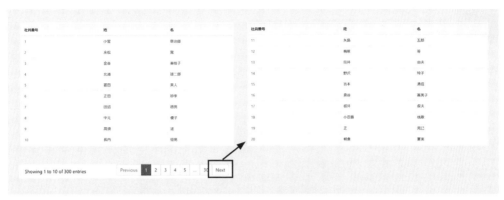

■図9.2 「次へ」ボタンを指定すると複数の構造化データを取得可能

　データスクレイピング機能を使用するには、「デザイン」タブの「データスクレイピング」を選択するか、Webレコーディングウィザード、デスクトップレコーディングウィザードから「データスクレイピング」を選択することでも使用できます（図9.3）。

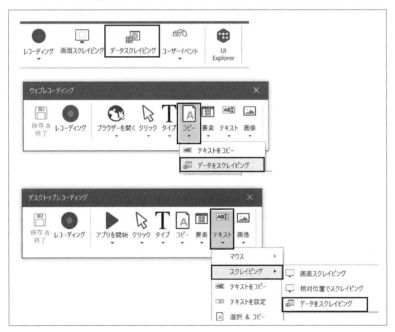

■図9.3　データスクレイピング機能の使用方法

　データスクレイピング機能には、2つの機能が含まれます。
- 表形式データを自動抽出する機能
- 構造化データを手動抽出する機能
　順番に見ていきましょう。

## 9.2 表形式データを自動抽出する

データスクレイピング機能の最も基本的な使い方である表形式データの自動抽出を行ってみましょう。Google Chrome で以下の URL にアクセスしてください。

https://rpatrainingsite.com/onlinepractice/chapter9.2/

300 人分のダミーの社員情報が公開されています。この一覧表形式の社員マスタの No.1 ～ 100 までを取得し、Excel に出力してみましょう。ただし、1 ページには 10 人分のみが表示されているので、ページ遷移しながら取得する必要があります。

❶ UiPath Studio で「Chapter09.2. 社員マスタ抽出」という名前の新規プロセスを作成します。

❷ デザイナー画面が表示されたら、画面中央の「Main ワークフローを開く」をクリックし、[フローチャート] アクティビティをデザイナーパネルに配置します。

続いてデータスクレイピング機能を使ってみましょう。

❸ 「デザイン」リボン上の「データスクレイピング」を選択します。取得ウィザードが表示されます。「次へ」をクリックします（図 9.4）。

■図 9.4　データスクレイピングを選択し、取得ウィザードで「次へ」

❹ レコーディングモードが開始されるので、社員マスタの任意のセルをクリックします（図 9.5）。

■図 9.5　任意のマスをクリックする

❺ 表形式データと認識された場合、「表形式データを抽出」ウィザードが表示されます。表全体を抽出する場合、「はい」を選択します。今回は「はい」を選択してください（図9.6）。

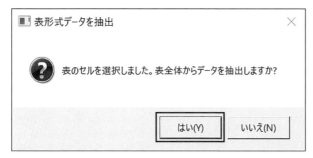

■図9.6　「表形式データを抽出」ウィザードで「はい」を選択する

❻ 自動認識した表の範囲がデータプレビュー画面として表示されます。取得したい最大行数を「結果件数の最大値」として指定します。「0」を指定することで全件取得するという指定になります。ここでは、100件取得するため、「100」と入力しますが、プレビュー画面には10件しか表示されていません。画面に表示されているデータしか取得できないためです。かまわず「終了」ボタンをクリックします（図9.7）。

| 社員番号 | 姓 | 名 |
|---|---|---|
| 1 | 小菅 | 薑治郎 |
| 2 | 永松 | 覚 |
| 3 | 金谷 | 美枝子 |
| 4 | 北浦 | 雄二郎 |
| 5 | 菱田 | 英人 |
| 6 | 正田 | 紗季 |
| 7 | 田沼 | 徳男 |
| 8 | 中元 | 優子 |
| 9 | 高須 | 遥 |
| 10 | 長内 | 恒男 |

データ定義を編集　結果件数の最大値 (0は全件)　100

ヘルプ　　キャンセル　< 戻る　終了

■図9.7　画面に表示されているデータしか取得できない

❼「次へのリンクを指定」ウィザードが表示され、データが複数ページにわたって表示するかどうかを確認されます。「次へ」ボタンや、次ページへのリンクなどを指定するために、「はい」を選択します（図9.8）。

■図9.8　次へのリンクを指定

レコーディングモードに切り替わるので、今回は、「Next」ボタンをクリックします（図9.9）。

■図9.9　レコーディングモードで「Next」をクリックする

データスクレイピングウィザードが終了し、UiPath Studioに戻ります。［ブラウザーにアタッチ］アクティビティの中に［構造化データを抽出］アクティビティが生成されています（図9.10）。

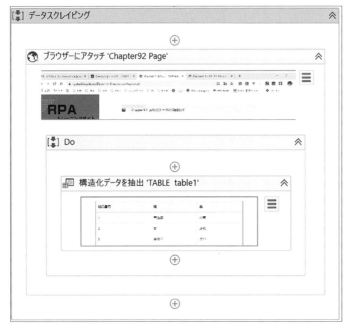

■図9.10　［構造化データを抽出］アクティビティの生成

［構造化データを抽出］アクティビティを選択し、プロパティパネルを見てください。注目すべき箇所は2箇所です。

● 「エラー発生時に実行を継続」プロパティに True が設定されている

　データスクレイピングウィザードを使用すると、[エラー発生時に実行を継続] プロパティに True が設定されます（図 9.11）。

■図 9.11　[エラー発生時に実行を継続] プロパティに True が設定されている

　これは、次ページを探す処理に起因します。[構造化データを抽出] アクティビティでは、[セレクター] プロパティと、[メタデータ抽出] プロパティをもとに表データを取得します。その後、[次リンクのセレクター] プロパティが設定されている場合、そのセレクターを探し、クリックします。[結果の最大数] プロパティで設定した行数分、表データを取得と次ページ遷移を繰り返します。複数ページにまたがる表の多くは、最終ページになると「次へ」ボタンが表示されない作りであることが多く、セレクターが見つからないためエラーが発生します。このような作りの場合、これ以上表データは存在しない（全てのデータを取得できた）ことを意味しているので、エラーとして扱わないようにするため、[エラー発生時に実行を継続] プロパティに True が設定されているのだと思います。

　そのため、[構造化データを抽出] アクティビティにおいては、[エラー発生時に実行を継続] プロパティを True とすることを許容してよいのです。

● ［データテーブル］プロパティに変数が設定されている

もう一つは、［データテーブル］プロパティに
ExtractDataTable という DataTable 型変数が設定され
ていることです（図 9.12）。

プロパティに指定されているだけでなく、変数パネル
を見ると、ExtractDataTable という DataTable 型変数
が作成されています。通常レコーディングなどで生成さ
れるアクティビティでは、出力カテゴリーのプロパティ
は設定されないため、気をつけてください。

■図9.12 ［データテーブル］プロパティに変
数が設定されている

では、最後に Excel に出力する処理を追加しましょ
う。［ブラウザーにアタッチ］アクティビティの下部に、
［Excel アプリケーションスコープ］アクティビティを
配置し、［ブックのパス］プロパティには、「" 社員マス
タ .xlsx"」と指定します（図 9.13）。

■図9.13 ［Excel アプリケーションス
コープ］で Excel に出力する処理を追加

続いて、Excel アプリケーションスコープ内部に、「範囲に書き込み」アクティビティを配置し、
「データテーブル」プロパティには、「ExtractDataTable」変数を指定し、［ヘッダーの追加］プ
ロパティにチェックを付けます。

フローチャートに戻り、データスクレイピングを右クリックしてStartNodeとして設定してください。

それでは実行してみましょう。正常に終了すると、自動化プロジェクトと同じ場所に社員マスタというExcelファイルが作成され、100件の社員情報が出力されているはずです（図9.14）。

| | A | B | C | D |
|---|---|---|---|---|
| 1 | 社員番号 | 姓 | 名 | |
| 2 | 1 | 小菅 | 章治郎 | |
| 3 | 2 | 永松 | 覚 | |
| 4 | 3 | 金谷 | 美枝子 | |
| 5 | 4 | 北浦 | 雄二郎 | |
| 6 | 5 | 菱田 | 英人 | |
| 7 | 6 | 正田 | 紗季 | |
| 8 | 7 | 田沼 | 徳男 | |
| 9 | 8 | 中元 | 優子 | |
| 10 | 9 | 高須 | 遥 | |
| 11 | 10 | 長内 | 恒男 | |
| 12 | 11 | 矢島 | 五郎 | |
| 13 | 12 | 梅原 | 等 | |
| 14 | 13 | 筒井 | 由夫 | |

Sheet1

■図9.14　Excelファイルに100件の社員情報が出力される

## 9.3　構造化データを手動抽出する

規則性はあるが表形式ではない構造化データや、うまく自動抽出できない表形式データなどは、データスクレイピングウィザードで手動抽出を行うことができます。手動抽出を行ってみましょう。Google Chrome で以下の URL へアクセスしてください。

https://rpatrainingsite.com/onlinepractice/chapter9.3/

UiPath 制御系アクティビティがカード形式で表示されています。日本語アクティビティ名や、アクティビティ説明など、規則的に記載されています。これらを抽出して、一覧にまとめたものを Excel ファイルに出力してみます（図9.15）。

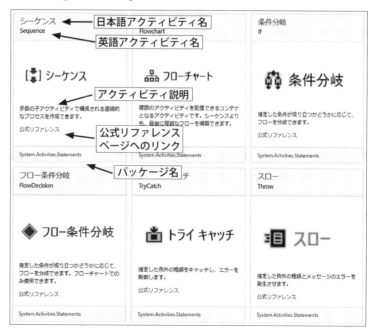

■図9.15　表形式でない規則的な構造化データ

❶ UiPath Studio で「Chapter09.3.構造化データ抽出」という名前の新規プロセスを作成します。

❷ デザイナー画面が表示されたら、画面中央の「Main ワークフローを開く」をクリックし、［フローチャート］アクティビティをデザイナーパネルに配置します。

❸「デザイン」リボン上の「データスクレイピング」を選択します。取得ウィザードが表示されます。「次へ」をクリックします。

❹ レコーディングモードで、取得対象の要素として日本語アクティビティ名の「シーケンス」を指定します（図 9.16）。

■図 9.16　日本語アクティビティ名の「シーケンス」を指定する

❺「2 番目の要素を選択」取得ウィザードが表示されるので、「次へ」をクリックし、日本語アクティビティ名の「フローチャート」を選択します（図 9.17）。

■図 9.17　日本語アクティビティ名の「フローチャート」を指定する

　そうすると、シーケンス、フローチャートだけでなく、全ての日本語アクティビティ名領域が
ハイライトされます（図 9.18）。

■図 9.18　全ての日本語アクティビティ名領域がハイライトされる

これはデータスクレイピング機能にて、1つ目の要素（シーケンス）と2つ目の要素（フローチャート）を指定したことで、同じ規則性を持った一連のデータが構造化データとして抽出されたことを意味しています。

❻ 取得ウィザードの「列を設定」で、テキスト列名に、「アクティビティ名」と入力し、「次へ」をクリックします（図9.19）。

■図9.19　「列を設定」の取得ウィザード

取得ウィザードで、アクティビティ名の一覧が表示されます。続けて他の項目も取得するため、「相関するデータを抽出」をクリックします（図9.20）。

■図9.20　「相関するデータを抽出」をクリックする

英語アクティビティ名である「Sequence」を選択し、続いて「Flowchart」を選択します（図9.21）。

**■図9.21　英語アクティビティ名を選択する**

先ほどと同様に、データスクレイピング機能にて、1つ目の要素（Sequence）と2つ目の要素（Flowchart）を指定したことで、同じ規則性を持った一連のデータが構造化データとして抽出されています（図9.22）。

**■図9.22　全ての英語アクティビティ名がハイライトされる**

取得ウィザードの「列を設定」のテキスト列名には「英語アクティビティ名」と入力し、次へボタンをクリックすると、最初に抽出したアクティビティ名の右列に、英語アクティビティ名が追加されました（図9.23）。

■図9.23　データプレビューに英語アクティビティ名が追加されている

このようにして、規則性、関係性がある構造化データを1つずつ抽出する方法が手動抽出です。「相関するデータを抽出」をクリックし、さらに続けましょう。

続けて、アクティビティの説明欄を抽出し、テキスト列名には「アクティビティ説明」と入力しましょう。これで3項目抽出できました（図9.24）。

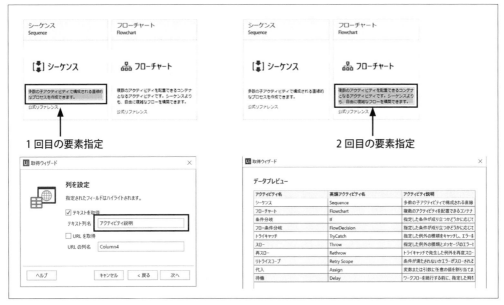

■図9.24　アクティビティの説明欄を抽出する

ここまで画面上の表示テキストを抽出してきましたが、URL リンクから URL を抽出すること
もできます。

　「公式リファレンス」の URL を抽出しましょう。先ほどと同じように、1 回目と 2 回目の要素
指定を「公式リファレンス」に対して行います。「列を設定」ウィザードの「テキストを取得」
のチェックを外し、「URL を取得」にチェックを付けます。そして URL の列名に「公式リファ
レンス URL」と入力します。これで URL を抽出することができました（図 9.25）。

■図 9.25　「公式リファレンス」の URL を抽出する

　最後にパッケージ名を抽出しましょう。テキスト列名には、「パッケージ名」と入力します。
これで 5 項目の抽出を定義したことになります（図 9.26）。

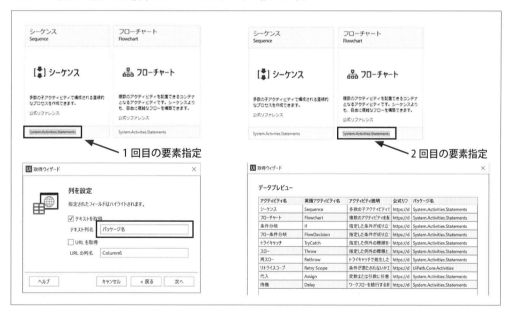

■図 9.26　「パッケージ名」を抽出する

取得ウィザードで「終了」ボタンをクリックすると、「次へのリンクを指定」ウィザードが表示され、データが複数ページにわたって表示されるかどうかを確認されます。「いいえ」を選択します。

　データスクレイピングウィザードが終了し、UiPath Studioが表示されます。自動抽出と同様に［ブラウザーにアタッチ］アクティビティの中に、［構造化データを抽出］アクティビティが生成されています（図9.27）。

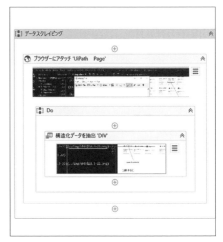

■図9.27　［構造化データを抽出］アクティビティが生成されている

　では、最後にExcelに出力する処理を追加しましょう。［ブラウザーにアタッチ］アクティビティの下部に［Excelアプリケーションスコープ］アクティビティを配置し、［ブックのパス］プロパティには、「" 制御アクティビティリスト .xlsx"」と指定します（図9.28）。

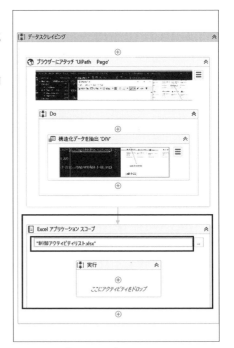

■図9.28　［Excelアプリケーションスコープ］でExcelに出力する処理を追加

続いて、Excelアプリケーションスコープ内部に、［範囲に書き込み］アクティビティを配置し、［データテーブル］プロパティには、「ExtractDataTable」変数を指定し、［ヘッダーの追加］プロパティにチェックを付けます（図9.29）。

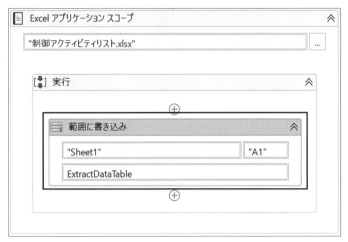

■図9.29 ［範囲に書き込み］アクティビティを配置

それでは実行してみましょう。正常に終了すると、自動化プロジェクトと同じ場所に制御アクティビティリストというExcelファイルが作成され、10件のアクティビティ情報が出力されているはずです（図9.30）。

| | A | B | C | D | E |
|---|---|---|---|---|---|
| 1 | アクティビティ名 | 英語アクティビティ名 | アクティビティ説明 | 公式リファレンスURL | パッケージ名 |
| 2 | シーケンス | Sequence | 多数の子アクティビティで構成される | https://docs.uipath.com/activities/lang-ja/docs/s | System.Activities.Statements |
| 3 | フローチャート | Flowchart | 複数のアクティビティを配置できる | https://docs.uipath.com/activities/lang-ja/docs/f | System.Activities.Statements |
| 4 | 条件分岐 | If | 指定した条件が成り立つかどうかに応 | https://docs.uipath.com/activities/docs/if | System.Activities.Statements |
| 5 | フロー条件分岐 | FlowDecision | 指定した条件が成り立つかどうかに応 | https://docs.uipath.com/activities/lang-ja/docs/f | System.Activities.Statements |
| 6 | トライキャッチ | TryCatch | 指定した例外の種類をキャッチし、コ | https://docs.microsoft.com/en-us/dotnet/api/sys | System.Activities.Statements |
| 7 | スロー | Throw | 指定した例外の種類とメッセージをコ | https://docs.microsoft.com/en-us/dotnet/api/sys | System.Activities.Statements |
| 8 | 再スロー | Rethrow | トライキャッチで発生した例外を再度 | https://docs.uipath.com/activities/lang-ja/docs/r | System.Activities.Statements |
| 9 | リトライスコープ | Retry Scope | 条件が満たされないかエラーがスロー | https://docs.uipath.com/activities/lang-ja/docs/r | UiPath.Core.Activities |
| 10 | 代入 | Assign | 変数または引数に任意の値を割り当て | https://docs.uipath.com/activities/lang-ja/docs/a | System.Activities.Statements |
| 11 | 待機 | Delay | ワークフローを続行する前に、指定し | https://docs.microsoft.com/en-us/dotnet/api/sys | System.Activities.Statements |
| 12 | | | | | |

■図9.30 Excelファイルに10件のアクティビティ情報が出力される

このように、UiPathではデータスクレイピング機能を利用することで、簡単に表形式のデータや、構造化データを取得することができます。

# Chapter 10

# Excel 操作系の
# アクティビティを理解しよう

本章は 3 つの節で構成されています。

| 節 | 内容 |
|---|---|
| 10.1 | UiPath における Excel 操作 |
| 10.2 | 2 つのカテゴリーが存在する Excel アクティビティ |
| 10.3 | Excel データの読み書き |

　UiPath には Excel 操作を自動化するためのアクティビティが多数用意されています。本章では UiPath における Excel 操作の基本を理解しましょう。

　本章をお読みいただき、Excel 操作に関する主要なアクティビティとその使い方を理解することで、Excel 操作の自動化の基礎を身につけましょう。

## 10.1　UiPath における Excel 操作

　ウェブアプリやデスクトップアプリの自動化においては、UiPath でアプリの画面操作を自動化しながら、ワークフロー構築を行ってきました。Excel 操作においても同じように、Excel アプリケーションを起動し、Excel の画面を操作することで業務自動化を行うこともできます。

　しかし、UiPath には Excel 操作用のアクティビティが複数用意されており、それらを活用することで、画面操作を行わずに Excel 操作の自動化を実現できます。

　例えば、経費一覧の Excel ファイルにおいて、「利用用途＝交通費」でフィルターする場合、Excel アプリケーションのフィルター機能を画面操作で行うと、少なくとも 3 回以上のクリック操作が必要となります（図 10.1）。

　操作回数だけではありません。現在のフィルター状態によって最初にフィルター解除が必要かどうかの条件分岐が必要であったり、Excel アプリケーションのバージョンアップに伴ってセレクターが変更になる可能性など、Excel の画面操作には不安定要素があります。

　一方、［データテーブルをフィルタリング］アクティビティを利用することで、「利用用途＝交通費」でフィルターする処理を 1 アクティビティのみで実現できます。フィルター解除も不要で Excel のバージョンアップでも影響を受けません（図 10.2）。

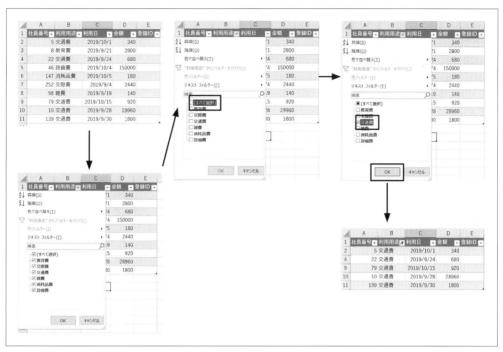

■図 10.1　Excel の自動化を画面操作で行うと操作回数が増えすぎる

■図 10.2　［データテーブルをフィルタリング］アクティビティ

　このように Excel 操作の自動化においては、Excel アプリケーションの画面操作を自動化するのではなく、Excel 操作用のアクティビティを活用することで、シンプルかつ安定性の高い自動化を実現することができます。

　Excel で、あるセルに値を書き込みたいという場合、[セルに書き込み] というアクティビティ
を使用します。アクティビティの検索欄で「セルに書き込み」と検索すると［セルに書き込み］
アクティビティが2つ存在することがわかります（図10.3）。

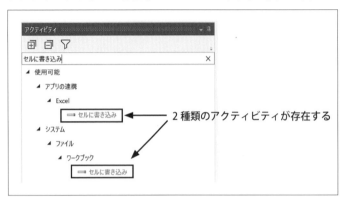

2種類のアクティビティが存在する

■図10.3　2種類の[セルに書き込み] アクティビティ

　この2つのアクティビティのように、同名のアクティビティはほかにもあり、以下のどちらに
属するアクティビティなのかを区別し、環境や利用したいケースによってどちらを使うかを選ぶ
ことができます。

- ［アプリの連携 > Excel］配下のアクティビティ
- ［システム > ファイル > ワークブック］配下のアクティビティ

それぞれの特徴や使いどころを説明します。

### 10.2-1　［アプリの連携 > Excel］配下のアクティビティ

　［アプリの連携 > Excel］配下のアクティビティには以下の特徴があります。

- ［システム > ファイル > ワークブック］配下のアクティビティよりも多くの Excel に関す
  るアクティビティが存在する
- Excel アプリケーションがインストールされている PC でのみ動作する
- ［Excel アプリケーションスコープ］アクティビティの内部でのみ使用可能

　執筆時点で、［アプリの連携 > Excel］配下には 35 種類のアクティビティが用意されています。
以下に、主要なアクティビティを紹介します（表10.1、表10.2）。

| アクティビティ名 | 説明 |
|---|---|
| Excel アプリケーションスコープ | Excel ワークブックを開き、Excel 操作の準備を行う。 |
| 範囲を読み込み | Excel シートで指定した範囲の値を読み取り、DataTable 変数に格納する。 |
| 範囲に書き込み | 指定した Excel シート、開始セルを起点に、DataTable 変数を用いて範囲書き込みを行う。 |
| セルを読み込み | Excel のセルの値を読み取って変数に格納する。 |
| セルに書き込み | 指定された Excel のセルまたは範囲に値または数式を書き込む。 |
| マクロを実行 | Excel マクロを実行する。 |
| シートをコピー | Excel のシートをコピーする。 |
| ブックの全シートを取得 | 全シートの名前リストを取得する。 |

■表 10.1　［アプリの連携 > Excel］配下の主要なアクティビティ

| 区分 | 説明 |
|---|---|
| メリット | マクロ実行や、シートのコピー、ブックのシートを取得する処理など、［システム > ファイル > ワークブック］配下のアクティビティには存在しないアクティビティが複数含まれており、機能が豊富。 |
| デメリット | Excel アプリケーションがインストールされていない環境では使用できない。 |

■表 10.2　Excel に基づくアクティビティのメリットとデメリット

また、［Excel アプリケーションスコープ］アクティビティと組み合わせてのみ使用でき、単体ではエラーとなることに注意してください（図 10.4）。

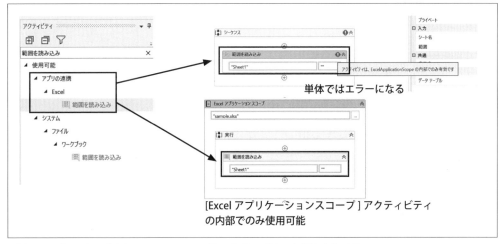

■図 10.4　［Excel アプリケーションスコープ］アクティビティと組み合わせる

Excel アプリケーションがインストールされている環境では、より機能が豊富な［アプリの連携 > Excel］配下のアクティビティを使用することを推奨します。

## 10.2-2　［システム > ファイル > ワークブック］配下のアクティビティ

［システム > ファイル > ワークブック］配下のアクティビティには以下の特徴があります。

- 9種類の基本的なアクティビティのみが存在する
- Excel アプリケーションがインストールされていない PC でも動作する
- ［Excel アプリケーションスコープ］アクティビティ不要

アクティビティは9種類のみ用意されており、これらは Excel アプリケーションがインストールされていない環境でも動作します。

［Excel アプリケーションスコープ］なしで単独で使用できます（図 10.5、表 10.3）。

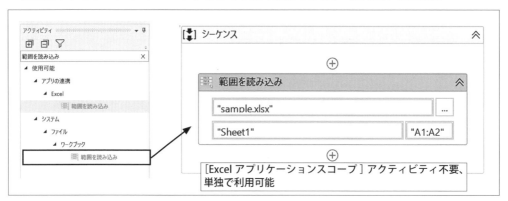

■図 10.5　［システム > ファイル > ワークブック］配下の［範囲を読み込み］アクティビティ

| 区分 | 説明 |
|------|------|
| メリット | Excel アプリケーションがインストールされていない環境でも動作する。 |
| デメリット | 機能が少なく、基本的な処理しか実現できない。 |

■表 10.3　上記アクティビティのメリットとデメリット

基本的な操作しか自動化できないため、Excel がインストールされていない環境で、簡易的に Excel の操作を行いたい場合にのみ使用することを推奨します。

## 10.3　Excel データの読み書き

RPA では、システムへの繰り返し登録処理などに使うデータとして、一覧表形式の Excel データを取得することが多くあります。また、ワークフロー実行結果を一覧形式で Excel に書き出すことも多くあります。こうした Excel データの読み書きはパターンとして覚えることができます。順番に見ていきましょう。

### 10.3-1　Excel から表データを読み込む

Excel から表データを読み込む場合、［Excel アプリケーションスコープ］アクティビティと［範

囲を読み込み] アクティビティを使用します。表データ取得のほとんどは上記2つのアクティビティで完了するので、テンプレート的にお使いいただくことができます。

はじめに、［Excel アプリケーションスコープ］アクティビティを配置します。注意していただきたいのは［Excel アプリケーションスコープ］アクティビティのプロパティです。

プロパティの既定値では、Excel ファイルを書き込み可能なモードで開く設定になっており、誰かが Excel ファイルを開いている状態だとエラーが発生してしまいます。

UiPath では、Excel ファイルを開いて Excel データを DataTable 変数に設定し（一度 Excel ファイルを閉じ）、UiPath 内部の DataTable 変数で後続の処理を行った後、最後に Excel ファイルを開いて結果データを書き出す、といった流れを取ることが一般的です。

そのため、最初の Excel 読み込み処理は読み込み専用モードで開き、最後の Excel 書き出し処理は書き込み可能モードとして開くのが理想的です。

### ● Excel から表データを読み込むテンプレートパターン

読み込み専用モードで開くには、プロパティ設定を以下に変更します（図 10.6、表 10.4）。

既定値（初期設定）　　　　　推奨設定

■図 10.6　読み込み専用モードで開くためのプロパティ設定

| プロパティ | 説明 | 既定値 | 推奨値 | 推奨値理由 |
|---|---|---|---|---|
| 可視 | Excel の画面を表示するかどうか。 | チェックオン | チェックオフ | 画面を表示しないほうが、処理速度が速いため。 |
| 新しいファイルの作成 | 指定されたファイルパスに Excel ファイルが存在しない場合、新しくファイルを作成するかどうか。 | チェックオン | チェックオフ | データ取得元のファイルが見つからない場合、新しくファイルを作成するのではなく業務エラーとすべきであるため。 |
| 自動保存 | アクティビティがブックを更新したタイミングで保存処理を行うかどうか。 | チェックオン | チェックオフ | 読み込み専用で開き、更新は行わないため。 |
| 読み込み専用 | ブックを読み込み専用で開くかどうか。 | チェックオフ | チェックオン | 読み込み専用で開き、更新は行わないため。 |

■表 10.4　読み込み専用モードのためのプロパティ

　上記設定に変更することで、他の PC で同ファイルを開いていてもエラーが発生しなくなります。

　続いて［Excel アプリケーションスコープ］アクティビティ内の「実行」シーケンスの内部に、［範囲を読み込み］アクティビティを配置します。

　Excel から取得した表データは、他のアクティビティで活用するために DataTable 変数に格納します（図 10.7、表 10.5）。

■図 10.7　［範囲を読み込み］アクティビティの配置と設定

| プロパティ | 説明 | 既定値 | 推奨値 | 推奨値理由 |
|---|---|---|---|---|
| ヘッダーの追加 | 最初の行を見出し行として使用するかどうか。 | チェックオン | 任意 | 先頭行が見出し行であるかどうかで、使い分ける（図10.8）。 |
| 範囲 | 読み込む表データを範囲指定。 | "" | "" | ""とすることで、データが含まれる表範囲を自動的に検出して取得する（図10.9）。 |
| データテーブル | 読み込んだ表データを格納するDataTable変数を指定。 | - | 設定する | |

■表10.5 ［範囲を読み込み］アクティビティのプロパティ

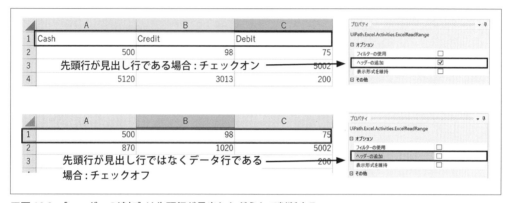

■図10.8 ［ヘッダーの追加］は先頭行が見出しかどうかで判断する

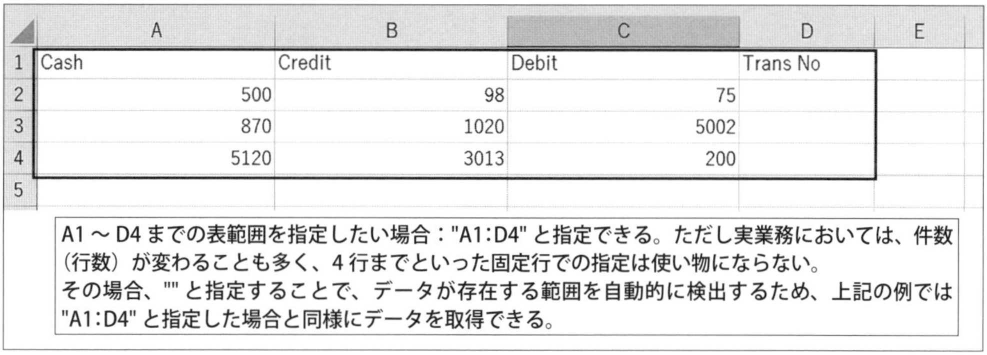

A1〜D4までの表範囲を指定したい場合："A1:D4"と指定できる。ただし実業務においては、件数（行数）が変わることも多く、4行までといった固定行での指定は使い物にならない。
その場合、""と指定することで、データが存在する範囲を自動的に検出するため、上記の例では"A1:D4"と指定した場合と同様にデータを取得できる。

■図10.9 範囲指定の方法

　［範囲を読み込み］アクティビティにて表データをDataTable変数に読み込んだ後は、Excelそのものに対しては処理を行わず、DataTableを操作することになります。

　つまり、UiPathにおいてExcelをうまく扱うためには、DataTableを理解することが重要です。DataTableは、最初はわかりづらいですが、概要を理解し繰り返し処理をパターンとして覚えると難しいものではありません。Chapter11で、ExcelとDataTableに関して解説を行います。

## 10.3-2 Excel に表データを書き込む

DataTable に対して1行ずつ処理し、登録結果ステータスの更新などを行い、その結果を Excel に出力することが多くあります。

更新された DataTable を Excel に書き出す場合、[Excel アプリケーションスコープ]アクティビティと[範囲に書き込み]アクティビティを使用することで、Excel の一覧表として出力できます。

表データ出力のほとんどは上記2つのアクティビティで完了するので、テンプレート的に使うことができます。

### ● Excel から表データを書き込むテンプレートパターン

読み込み同様、[Excel アプリケーションスコープ]アクティビティを配置します。

プロパティの既定値は、Excel ファイルを書き込み可能なモードで開く設定になっているので、[可視]プロパティを除き、基本的にはそのままでかまいません（図 10.10、表 10.6）。

既定値（初期設定）　　　　　　　　推奨設定

■図 10.10 ［Excel アプリケーションスコープ］アクティビティの配置と設定

| プロパティ | 説明 | 既定値 | 推奨値 | 推奨値理由 |
|---|---|---|---|---|
| 可視 | Excel の画面を表示するかどうか。 | チェックオン | チェックオフ | 画面を表示しないほうが、処理速度が速いため。 |
| 新しいファイルの作成 | 指定されたファイルパスにExcel ファイルが存在しない場合、新しくファイルを作成するかどうか。 | チェックオン | 任意 | 既存データに対して更新を行う場合はチェックオフ。新規にファイルを作成したい場合はチェックオンにすることを推奨。 |
| 自動保存 | アクティビティでブックを更新したタイミングで保存処理を行うかどうか。 | チェックオン | チェックオン | 保存し忘れを防ぐため、自動更新を行うことを推奨。 |
| 読み込み専用 | ブックを読み込み専用で開くかどうか。 | チェックオフ | チェックオフ | 読み込み専用では書き込みができないため。 |

■表 10.6　設定したプロパティの詳細

続いて、[Excel アプリケーションスコープ] アクティビティ内の「実行」シーケンスの内部に、[範囲に書き込み] アクティビティを配置します（図 10.11、表 10.7）。

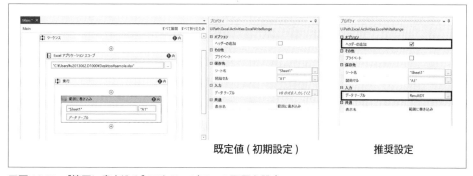

既定値 ( 初期設定 )　　　　　　推奨設定

■図 10.11　[範囲に書き込み] アクティビティの配置と設定

| プロパティ | 説明 | 既定値 | 推奨値 | 推奨値理由 |
|---|---|---|---|---|
| ヘッダーの追加 | 最初の行を見出し行として使用するかどうか。 | チェックオフ | 任意 | 見出し行を作成する場合はチェックオンに、データ行のみ書き込む場合はチェックオフにすることを推奨。 |
| データテーブル | Excel に書き込む DataTable 変数を指定。 | - | 必須 | |

■表 10.7　設定したプロパティの詳細

# Chapter 11

# Excel と DataTable を 理解しよう

本章は 4 つの節で構成されています。

| 節 | 内容 |
|------|------|
| 11.1 | DataTable とは |
| 11.2 | DataTable で反復処理を行ってみよう |
| 11.3 | DataTable 系アクティビティ一覧 |
| 11.4 | DataTable をフィルタリングしてみよう |

Chapter10 では、Excel に関するアクティビティについてや、Excel の表データの読み書きについて学びました。

Excel から取得した表データは DataTable 変数に格納され、それ以降は Excel ではなく DataTable に対してデータの編集処理やフィルター処理、繰り返し処理などを行うことになります。つまり Excel 操作の自動化においては、DataTable を理解することが非常に重要です。本章では DataTable を操作するアクティビティとその活用方法について学びます。

本章をお読みいただくことで、Excel 操作の自動化における DataTable の考え方と活用方法を理解することができます。

## 11.1 DataTable とは

DataTable を理解するにあたり、Excel を例に考えてみましょう。Excel は「表」計算ソフトであり、「行」と「列」から構成されています。この「表」と「行」と「列」の関係を図で表します（図 11.1）。

DataTable は表形式のデータ型で、複数行と複数列から構成されます。基本的には Excel の表データが保持できるデータ型と考えて間違いはありません。ただし、行や列の番号は 1 から始まるのではなく、0 から始まります（図 11.2）。

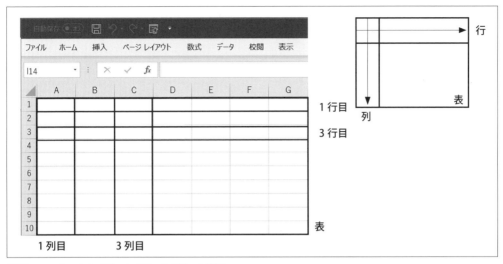

■図 11.1　Excel の「表」と「行」と「列」の関係

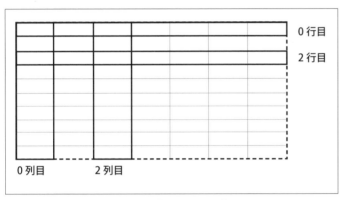

■図 11.2　DataTable は「行」も「列」も 0 から始まる

　Excel の一覧表データは、行単位で処理をすることが多いのですが、UiPath には［繰り返し（各行）］というアクティビティがあり、DataTable から行を順番に取り出し、1 行ずつ処理することができます。次節で［繰り返し（各行）］アクティビティを活用した繰り返し処理について学びましょう。

## 11.2　DataTable で反復処理を行ってみよう

　Chapter4 では、Excel から読み込んだ経費一覧を RPA トレーニングアプリに登録する処理を自動化しました。その際も Excel から読み込んだ表データを DataTable 変数に格納し、［繰り返し（各行）］アクティビティを使って、1 行ずつアプリに登録しました。

ただし Chapter4 で作成したワークフローは、Excel ファイルに入力不備があると、エラーで止まってしまいます。本節では、DataTable の反復処理を学びながら、1 行ずつ入力チェックを行う処理を追加してみましょう。

## 11.2-1 自動化する処理と操作手順の説明

以下の URL に Google Chrome でアクセスし、「Chapter11_ 経費申請データ .xlsx」をダウンロードしてください。

https://rpatrainingsite.com/downloads/

ダウンロードした Excel ファイルを開きましょう。

「金額」列に金額が入力されていない行が含まれています。金額が入力されているかどうかチェックし、チェック結果を「入力チェック」列に書き込むようにします。

- 金額が入力されていない場合
  「NG：金額未入力」
- 金額が入力されている場合「OK」
  となるように自動化で処理し、入力チェック後は、右のようになります（図11.3）。

| 社員番号 | 利用用途 | 利用日 | 金額 | 入力チェック |
|---|---|---|---|---|
| 5 | 交通費 | 2019/10/1 | 340 | OK |
| 8 | 教育費 | 2019/9/21 | | NG:金額未入力 |
| 22 | 交通費 | 2019/9/24 | 680 | OK |
| 46 | 設備費 | 2019/10/4 | 150000 | OK |
| 147 | 消耗品費 | 2019/10/5 | 180 | OK |
| 252 | 交際費 | 2019/9/4 | 2440 | OK |
| 98 | 雑費 | 2019/9/19 | 140 | OK |
| 79 | 交通費 | 2019/10/15 | | NG:金額未入力 |
| 10 | 交通費 | 2019/9/28 | 28960 | OK |
| 139 | 交通費 | 2019/9/30 | 1800 | OK |

■図 11.3　自動化で入力チェック列に書き込む

以上が自動化する処理と操作手順です。

## 11.2-2 自動化プロジェクトの作成

❶ UiPath Studio で「Chapter11.2.Excel 入力チェック」という名前の新規プロセスを作成します。

❷ デザイナー画面が表示されたら、画面中央の「Main ワークフローを開く」をクリックし、[フローチャート] アクティビティをデザイナーパネルに配置します。

### ● Excel ファイルの読み込み処理

Excel から表データを読み込み、DataTable 変数に格納しましょう。

❸ [Excel アプリケーションスコープ] アクティビティを配置し、ダブルクリックして展開し、[ブックのパス] プロパティにダウンロードした Excel ファイル（"Chapter11_ 経費申請デー

タ .xlsx"）を指定します。また、読み込み専用にするため、以下のプロパティを設定しましょう（表11.1）。

| 設定項目 | 設定値 |
|---|---|
| 可視 | False |
| 新しいファイルの作成 | False |
| 自動保存 | False |
| 読み込み専用 | True |

■表 11.1　読み込み専用のプロパティ設定

❹ 続いて［Excel アプリケーションスコープ］アクティビティの「実行」内部に、［アプリの連携 > Excel］配下の［範囲を読み込み］アクティビティを配置し、以下のプロパティを設定します（表 11.2）。

| 設定項目 | 推奨値 |
|---|---|
| ヘッダーの追加 | True |
| シート名 | " 経費一覧 " |
| 範囲 | "" |
| 表示名 | 範囲を読み込み：Chapter11_ 経費申請データ |

■表 11.2　［範囲を読み込み］アクティビティのプロパティ設定

❺ Excel 表データを DataTable に設定します。DataTable 型の変数「expenseDT」を作成し、［データテーブル］プロパティに設定します。続けて、変数パネルで変数のスコープを「実行」から「フローチャート」に変更します。

　ここまでで以下のようになります（図 11.4）。

■図 11.4　ワークフローの途中経過

●繰り返し処理

❻ フローチャート階層で、［Excelアプリケーションスコープ］アクティビティの下に［繰り返し（各行)］アクティビティを配置します。

❼ 配置した［繰り返し（各行)］アクティビティをダブルクリックで展開し、コレクションにDataTable「expenseDT」を設定します。

　［繰り返し（各行)］アクティビティは、コレクションにDataTable型の変数を指定します。指定したDataTable型の変数に含まれるデータ行の数だけ、「Body」シーケンスが繰り返し呼び出されます（図11.5)。

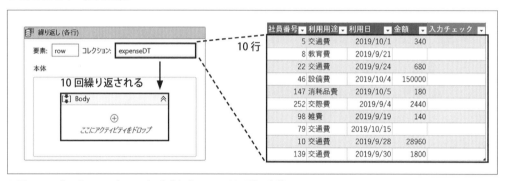

■図11.5　「Body」シーケンスを呼び出すDataTable型の変数

　「Body」シーケンスが繰り返し呼ばれる際に、処理に必要な1行分のデータはrow変数に設定されます（図11.6)。

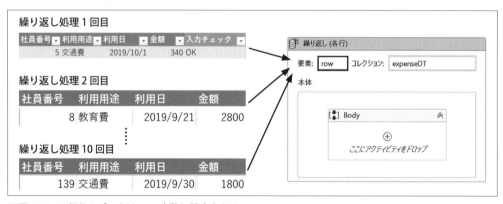

■図11.6　1行分のデータはrow変数に設定される

●金額の入力チェック

　それでは「金額の入力チェック」を行っていきましょう。まず、1行データ（row変数）から金額を取り出す方法を考えてみましょう。row変数は行データであり、「金額」のほか、「社員番号」、「利用用途」など複数列の値を保持しています（図11.7)。

行 (row): 複数列の値を持っている

| 社員番号 ▾ | 利用用途 ▾ | 利用日 ▾ | 金額 ▾ | 入力チェック ▾ |
|---|---|---|---|---|
| 5 | 交通費 | 2019/10/1 | 340 | |

■図 11.7　row 変数は複数列の値を持っている

　行データから特定列の値を取得するには、row（"列名"）のように記載することで取得できます。列名には、Excel の見出し行を指定します。上記例では row（"金額"）と記載することで「金額」列の情報を取得することができます（図 11.8）。

「row（"金額"）」の値をください

| 社員番号 ▾ | 利用用途 ▾ | 利用日 ▾ | 金額 ▾ | 入力チェック ▾ |
|---|---|---|---|---|
| 5 | 交通費 | 2019/10/1 | 340 | |

「340」を返します

■図 11.8　row（"列名"）で取得したい情報を得る

❽　今回、「金額」欄に値が入っているかどうかによって、処理を分岐させたいので、［条件分岐］アクティビティを「Body」シーケンスの中に配置し、［条件］プロパティに「row（"金額"）.ToString = ""」を指定します。

> 注　row という行データから、"金額" 列の値を抽出し、それを文字列型に変換し、空の文字列（""）かどうかをチェックしています。

　空の文字列（""）だった場合（金額が入力されていない場合）「Then」側の処理が呼び出されるので、「Then」内部の「入力チェック」列に「NG: 金額未入力」と書き込む処理を追加していきます。

❾　［代入］アクティビティを「Then」内部に配置し、右のプロパティを設定します（表 11.3）。

| プロパティ名 | 設定値 |
|---|---|
| 左辺値 | row（"入力チェック"） |
| 右辺値 | "NG: 金額未入力 " |

■表 11.3　「Then」に配置した［代入］アクティビティのプロパティ設定

　空の文字列（""）ではなかった場合（金額が入力されていた場合）、「Else」側の処理が呼び出されるので、「Else」内部の「入力チェック」列に「OK」と書き込む処理を追加していきます。

❿ ［代入］アクティビティを「Else」内部に配置し、右のプロパティを設定します（表11.4）。

| プロパティ名 | 設定値 |
|---|---|
| 左辺値 | row（"入力チェック"） |
| 右辺値 | "OK" |

■表11.4 「Else」に配置した［代入］アクティビティのプロパティ設定

ここまでで以下のようになっているはずです（図11.9）。

■図11.9 ［繰り返し（各行）］アクティビティの設定

これで「金額の入力チェック処理」ができました。ただし、現時点では UiPath の内部で管理する DataTable を更新しただけで、チェック結果を Excel に反映させるには、「Excel への書き込み処理」を追加する必要があります。

● Excel への書き込み処理

⓫ フローチャート階層まで戻り、［繰り返し（各行）］アクティビティの下に、［Excel アプリケーションスコープ］アクティビティを配置します。ここでは書き込み専用にするため、以下のプロパティを設定しましょう（表11.5）。

| 設定項目 | 設定値 |
|---|---|
| 可視 | False |
| 新しいファイルの作成 | True |
| 自動保存 | True |
| 読み込み専用 | False |
| ブックのパス | "経費一覧入力チェック後ファイル.xlsx" |

■表11.5 書き込み専用のプロパティ設定

**注** C: ○○〜〜とファイル名をフルパスで指定せずに、ファイル名のみ記載した場合、プロジェクトフォルダ内にファイルが作成されます。UiPath Studio「プロジェクト」タブの「ファイルエクスプローラー」アイコンからプロジェクトフォルダを開くことができます（図11.10）。

■図11.10　プロジェクトフォルダを開く

❷ 続いて［Excel アプリケーションスコープ］アクティビティの「実行」内部に、［アプリの連携 > Excel］配下の［範囲に書き込み］アクティビティを配置し、以下のプロパティを設定します（表11.6）。

| 設定項目 | 設定値 |
|---|---|
| ヘッダーの追加 | True |
| シート名 | " 経費一覧 " |
| 範囲 | "A1" |
| データテーブル | expenseDT |
| 表示名 | 範囲に書き込み：経費一覧入力チェック後ファイル |

■表 11.6　［範囲に書き込み］アクティビティのプロパティ設定

［Excel アプリケーションスコープ］を右クリックし、StartNode として設定します。ワークフローを実行し、結果を確認しましょう。以下のようになっていれば、ワークフロー作成は成功です（図 11.11）。

|  | A | B | C | D | E |
|---|---|---|---|---|---|
| 1 | 社員番号 | 利用用途 | 利用日 | 金額 | 入力チェック |
| 2 | 5 | 交通費 | ###### | 340 | OK |
| 3 | 8 | 教育費 | ###### |  | NG：金額未入力 |
| 4 | 22 | 交通費 | ###### | 680 | OK |
| 5 | 46 | 設備費 | ###### | 150000 | OK |
| 6 | 147 | 消耗品費 | ###### | 180 | OK |
| 7 | 252 | 交際費 | 2019/9/4 | 2440 | OK |
| 8 | 98 | 雑費 | ###### | 140 | OK |
| 9 | 79 | 交通費 | ###### |  | NG：金額未入力 |
| 10 | 10 | 交通費 | ###### | 28960 | OK |
| 11 | 139 | 交通費 | ###### | 1800 | OK |

■図 11.11　成功結果

注　結果を確認するには、UiPath Studio「プロジェクト」タブの「ファイルエクスプローラー」アイコンからプロジェクトフォルダを開き、「経費一覧入力チェック後ファイル .xlsx」を開いてください（図 11.10）。

［Excel アプリケーションスコープ］アクティビティと［範囲を読み込み］アクティビティで表データを取得し、［繰り返し（各行）］アクティビティで一行ずつ処理を行っていくことが Excel の反復処理の基本となるので、パターンとして覚えましょう。

## 11.3　DataTable 系アクティビティ一覧

Excel を使った業務を行う中で、指定した条件で行をフィルターしたい、並べ替えをして上位3 件を取得したい、列を追加したい、などといった処理を行いたい場合があると思います。

こういった場合 Excel の画面操作を行わなくても、DataTable を操作するためのアクティビティを使用することができます。DataTable に対して UiPath が提供しているアクティビティ一覧は次ページのものがあります（表 11.7）。

## 11.4　DataTable をフィルタリングしてみよう

11.2 節で「Chapter11_ 経費申請データ .xlsx」に対して金額の入力チェックを行いました。

経費申請データに含まれている複数の利用用途のうち、「交通費」だけを対象に処理を行いたい場合、Excel のフィルター機能を利用することが多いと思います（図 11.12）。

| # | アクティビティ名 | 処理概要 |
|---|---|---|
| 1 | データテーブルをクリア | データテーブルから全てのデータをクリアする。 |
| 2 | データテーブルをフィルタリング | DataTable 変数から指定した条件のデータを抽出する。 |
| 3 | データテーブルをマージ | 指定した 2 つの DataTable 変数をマージする。 |
| 4 | データテーブルを並び替え | DataTable 変数内の行データを並び替える。 |
| 5 | データテーブルを出力 | CSV 形式を使用して DataTable 変数を文字列に書き込む。 |
| 6 | データテーブルを検索 | 指定した値を検索し、一致する行番号を出力する。 |
| 7 | データテーブルを構築 | 指定のスキーマに従って DataTable 変数を作成する。 |
| 8 | データテーブルを生成 | 非構造化データから DataTable 変数を作成する。 |
| 9 | データテーブルを結合 | 2 つのデータテーブルを結合する。 |
| 10 | データ列を削除 | データテーブルから列を削除する。 |
| 11 | データ列を追加 | データテーブルに列を追加する。 |
| 12 | データ行を削除 | データテーブルから行を削除する。 |
| 13 | データ行を追加 | データテーブルに行を追加する。 |
| 14 | 繰返し（各行） | データテーブルを 1 行ずつ繰り返し処理する。 |
| 15 | 行項目を取得 | データテーブルから 1 行データを取得する。 |
| 16 | 重複行を削除 | データテーブルの重複行を削除する。 |

■表 11.7　DataTable 変数に対するアクティビティ一覧

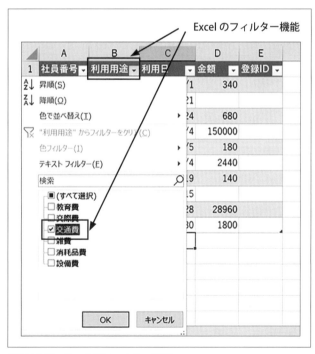

■図 11.12　Excel のフィルター機能

UiPath での自動化においては、Excel から［範囲を読み込み］アクティビティを使用して
DataTable に格納した後、DataTable に対してフィルタリングを行う［データテーブルをフィル
タリング］アクティビティを使用して、フィルター処理を実現します。

　本節では 11.2 節で作成した「Chapter11.2.Excel 入力チェック」プロセスにフィルター処理を
追加してみましょう。

❶［Excel アプリケーションスコープ］アクティビティと［繰り返し（各行）］アクティビティ
の間に、［データテーブルをフィルタリング］アクティビティを配置してください（図 11.13）。

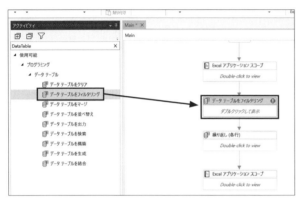

■図 11.13　［データテーブルをフィルタリング］アクティビティの配置

❷［データテーブルをフィルタリング］アクティビティをダブルクリックし、「フィルターウィ
ザード」を選択すると、フィルターウィザードダイアログが表示されます（図 11.14）。

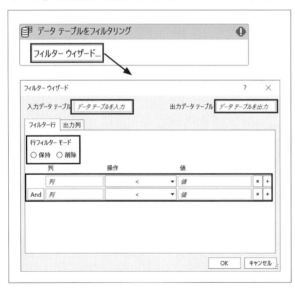

■図 11.14　フィルターウィザードのフィルター行

［データテーブルをフィルタリング］アクティビティでは、行をフィルターする機能と、出力する列を選択する機能も持っています。

　まずは、行をフィルターする機能を見てみましょう（表11.8、表11.9）。

| 設定箇所 | 設定内容 |
|---|---|
| 入力データテーブル | フィルタリングを行いたいデータテーブルを指定する。 |
| 出力データテーブル | フィルタリング結果を出力したいデータテーブルを指定する。入力データテーブルと同じ DataTable を指定することもでき、その場合フィルターされた行のみ保持される。 |
| 行フィルターモード（保持） | 指定した条件を満たす行のみが維持されるモードに指定する。 |
| 行フィルターモード（削除） | 指定した条件を満たす行のみが削除されるモードに指定する。 |
| 列 | 行フィルターに使用する列名を指定する。 |
| 操作 | フィルターに使用する条件を指定する。選択できる条件は後述。 |
| 値 | フィルターに使用する値を指定する。 |
| 「×」ボタン | フィルター条件を削除する。 |
| 「+」ボタン | フィルター条件を追加する。 |
| 「And」「Or」ボタン | 複数のフィルター条件を And 条件（A かつ B）で繋げるか、Or 条件（A または B）で繋げるかを指定する。 |

■表 11.8　行をフィルターする機能の設定

| 「操作」項目の選択肢 | 内容 |
|---|---|
| ＜（小なり） | 「列」の値が「値」で指定するものより小さい。 |
| ＞（大なり） | 「列」の値が「値」で指定するものより大きい。 |
| <=（以下） | 「列」の値が「値」で指定するもの以下である。 |
| >=（以上） | 「列」の値が「値」で指定するもの以上である。 |
| =（等しい） | 「列」の値が「値」で指定するものと等しい。 |
| !=（等しくない） | 「列」の値が「値」で指定するものと等しくない。 |
| Is Empty | 「列」の値が空である（値が設定されていない）。 |
| Is Not Empty | 「列」の値が空ではない（値が設定されている）。 |
| Starts With | 「列」の値が「値」で指定する文字から始まる。 |
| Ends With | 「列」の値が「値」で指定する文字で終わる。 |
| Contains | 「列」の値が「値」で指定する文字を含む。 |
| Does Not Starts With | 「列」の値が「値」で指定する文字から始まらない。 |
| Does Not Ends With | 「列」の値が「値」で指定する文字で終わらない。 |
| Does Not Contains | 「列」の値が「値」で指定する文字を含まない。 |

■表 11.9　行をフィルターする機能の「操作」項目

次に出力する列を選択する機能について見てみましょう（図11.15、表11.10）。

■図11.15　フィルターウィザードの出力列

| 設定箇所 | 設定内容 |
|---|---|
| 列選択モード（保持） | 指定した列名の列のみが維持されるモードに指定する。 |
| 列選択モード（削除） | 指定した列名の列のみが削除されるモードに指定する。 |
| 列 | 列選択に使用する列名を指定する。 |
| 「×」ボタン | フィルター条件を削除する。 |
| 「＋」ボタン | フィルター条件を追加する。 |

■表11.10　列をフィルターする機能の設定

　これらを設定することで、Excelから取得したデータに対し、フィルターを行うことができます。

　では早速、試してみましょう。今回のフィルター条件は、**「利用用途」列の値が「交通費」の行のみ、全ての列の値を抽出する**、となります。

❸フィルターウィザードダイアログで、以下のように設定します（図11.16、表11.11）。

■図11.16　フィルター条件を設定する

| 設定箇所 | 設定内容 |
|---|---|
| 項目 | 設定値 |
| 入力データテーブル | expenseDT |
| 出力データテーブル | expenseDT |
| 行フィルターモード | 保持 |
| 列 | "利用用途" |
| 操作 | = |
| 値 | "交通費" |
| 列選択モード | 保持 |

■表 11.11　フィルター条件の設定値

ワークフローの修正は以上です。ワークフローを実行してみましょう。

**注**　「経費一覧入力チェック後ファイル .xlsx」を一度削除してから実行してください。

「経費一覧入力チェック後ファイル .xlsx」が以下のようになっていれば、ワークフロー作成は成功です（図 11.17）。

| | A | B | C | D | E |
|---|---|---|---|---|---|
| 1 | 社員番号 | 利用用途 | 利用日 | 金額 | 入力チェック |
| 2 | 5 | 交通費 | ###### | 340 | OK |
| 3 | 22 | 交通費 | ###### | 680 | OK |
| 4 | 79 | 交通費 | ###### | | NG：金額未入力 |
| 5 | 10 | 交通費 | ###### | 28960 | OK |
| 6 | 139 | 交通費 | ###### | 1800 | OK |

■図 11.17　エクセルの完成形

**注**　結果を確認するには、UiPath Studio「プロジェクト」タブの「ファイルエクスプローラー」アイコンからプロジェクトフォルダを開き、「経費一覧入力チェック後ファイル .xlsx」を開いてください。

このように UiPath で用意されているアクティビティを活用することで、Excel の画面操作をすることなく処理を実現でき、Excel のバージョンアップにも影響を受けなくなります。

# Part ❸

ワークフローの
安定化、
保守性向上を
身につけよう

# Chapter 12

# セレクターを
# チューニングしよう

本章は5つの節で構成されています。

| 節 | 内容 |
|------|------|
| 12.1 | 事前準備 |
| 12.2 | セレクターとインデックス |
| 12.3 | 相対要素（アンカー）を使用したチューニング |
| 12.4 | アンカーベースによるチューニング |
| 12.5 | セレクターチューニングのまとめ |

　Chapter7ではセレクターの概念や、セレクターエディターによるセレクターの修正方法、UI Explorerによる基本的なチューニング方法について解説しました。多くの場合、それらの取り組みでワークフローは安定しますが、中にはそれでもうまくいかない場合があります。

　本章では、Chapter4で使用したRPAトレーニングアプリを利用し、セレクターが安定しない場合のさらなるチューニング方法について説明します。

　本章をお読みいただくことで、セレクターに関する高度なチューニング方法を理解でき、画面操作の自動化におけるワークフロー構築のベストプラクティスを理解することができます。

## 12.1 事前準備

### 12.1-1 演習コンテンツのダウンロードとセットアップ

　以下のURLにGoogle Chromeでアクセスし、「Chapter04.3. 経費申請.zip」をダウンロードしてください。Chapter4で作成したものとほぼ同じ状態のプロジェクトですが、パスワード取得処理のみ変更しています。

　https://rpatrainingsite.com/downloads/answer/

> **注** ［パスワードを取得］アクティビティを削除し、［文字を入力：パスワード］アクティビティにはパスワードを直打ちしています。［パスワードを取得］アクティビティはログインユーザー情報を使い暗号化するので、著者PCで生成したパスワードは皆さまのPCでは復号化できないためです。

　ダウンロードしたzipファイルを解凍し、UiPath Studioで解凍したフォルダ内のproject.jsonファイルを指定してプロジェクトを開きます。続いてRPAトレーニングアプリを起動してください。

この状態で UiPath Studio からプロジェクトを実行してみましょう。10 件登録されていれば
OK です。

RPA トレーニングアプリには、セレクターのチューニングを訓練するためのモードが用意さ
れています。RPA トレーニングアプリ画面上部の「Selector 訓練モード」をオンにしてくださ
い（図 12.1）。

■図 12.1　Selector 訓練モードをオンにする

「Selector 訓練モード」をオンにした状態で新規経費申請画面に移動すると、入力項目の並び
順が毎回変わります（図 12.2）。

■図 12.2　項目の並び順が毎回変わる

それでは RPA トレーニングアプリを一度ログアウトし、ログイン画面を開いた状態で再度
UiPath Studio からワークフローを実行してみましょう。先ほどは 10 件登録成功したはずが、今
度は 1 件目もしくは 2 件目でエラーになるはずです。画面を見ると金額などが正しく入力されて
いません。そのため「登録」ボタンが有効化されず、そのまま処理を進めようとしてエラーになっ
ています（図 12.3）。

■図12.3　Selector訓練モードではエラーが出る

　このような場合、セレクターエディターを開いてセレクターの検証を行います。先ほど正しく入力できていなかった［繰り返し（各行）：経費登録］アクティビティ内にある［文字を入力：金額］アクティビティを選択し、セレクターエディターを開きます。有効なセレクターと認識されています。ハイライトを選択し、認識されている箇所を確認してみましょう（図12.4）。

■図12.4　セレクターが間違った箇所を認識している

セレクターは有効ですが、「金額」の入力欄ではなく「社員番号」の入力欄がハイライトされています。つまり、現在のセレクターは間違った箇所を選択しているのです。

**注** 実行時の並び順によって「社員番号」ではなく別の入力欄を指している場合もあります。

## 12.2 セレクターとインデックス

ここでセレクターの内容を確認してみましょう（図12.5）。

■図12.5 エラー原因となるセレクターを確認する

```
<wnd app='rpatrainingapp.exe' cls='HwndWrapper*' title='RPA トレーニングアプリ ' />
<ctrl automationid='ExpenseInputBox' />
<ctrl idx='4' role='editable text' />
```

1行目はRPAトレーニングアプリを特定する情報、2行目は経費申請情報の領域を特定する情報が指定されています（図12.6）。

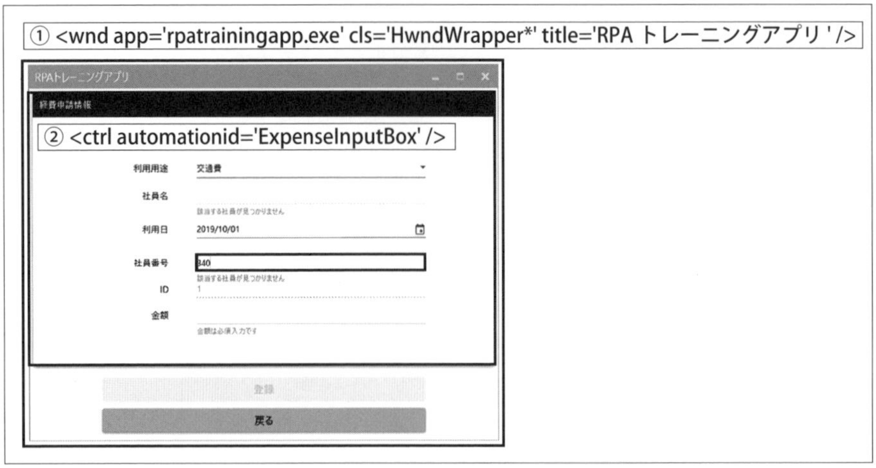

```
① <wnd app='rpatrainingapp.exe' cls='HwndWrapper*' title='RPA トレーニングアプリ ' />
```

```
② <ctrl automationid='ExpenseInputBox' />
```

■図 12.6　1 行目はアプリ本体、2 行目はアプリの開いている箇所を指定

　注目したいのは 3 行目のセレクターです。

```
<ctrl idx='4' role='editable text' />
```

　「role='editable text'」は対象が入力欄であることを示しています。ただし「RPA トレーニングアプリの ExpenseInputBox 領域内の入力欄」は、「社員番号」「利用日」「金額」「社員名」など複数存在します。そのため、「role='editable text'」という情報だけでは画面要素を特定することができません。

　そこで付与されたのが「idx」です。これはインデックス（index）と呼ばれるもので、対象の画面要素が何番目にあるかを示しています。この例では「RPA トレーニングアプリの ExpenseInputBox 領域内の 4 番目の入力欄」を示しています。インデックスが付与されることで、画面要素を特定することが可能になるわけです。

　Chapter 4 の際にはこれで正常に動作したのですが、Selector 訓練モードをオンにすると入力欄の並び順が変わるため、セレクターにインデックスが含まれることで間違った入力欄を指してしまうことになります。

　普段使用されているシステムでは、並び順が変わるケースはあまりないと思われるかもしれませんが、検索条件によって表示される内容が変わる画面や、項目の表示非表示を切り替えできる画面などは、インデックスが含まれるセレクターでは同様に不安定になることがあります。そのため、**原則インデックスが含まれないセレクターを作成する**ことを推奨します。

　ではどうすればインデックスを含まないセレクターに変更できるのでしょうか。UI Explorer を開き、確認してみましょう（図 12.7）。

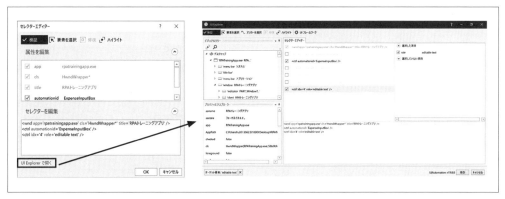

■図 12.7 UI Explorer を確認する

画面右側「選択していない項目」を展開し、セレクター
に使用する属性として、「text」を選択してください（図
12.8）。

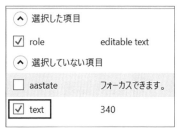

■図 12.8

セレクターは以下のように変更されます。

```
<wnd app='rpatrainingapp.exe' cls='HwndWrapper*' title='RPA トレーニングアプリ ' />
<ctrl automationid='ExpenseInputBox' />
<ctrl role='editable text' text='340' />
```

もう一度 UI Explorer で「text」属性のチェックを外してください。インデックスが含まれる
セレクターに戻ります。

```
<wnd app='rpatrainingapp.exe' cls='HwndWrapper*' title='RPA トレーニングアプリ ' />
<ctrl automationid='ExpenseInputBox' />
<ctrl role='editable text' idx='4' />
```

「text」属性のチェックをオンにした際、画面上に「340」という文字が入力された入力欄は 1
つしか存在せず、インデックス属性がなくても画面要素を特定できるようになったため、自動的
にセレクターからインデックス属性が削除されます。

繰り返しになりますが、画面要素を特定するための情報が十分でない場合にインデックスを含
むセレクターが生成される、ということです。インデックスを含まないセレクターは、画面要素
を特定するための情報が十分なセレクターとなり、安定性が向上します。

今回はインデックスの説明のために「text」属性をセレクターに含めましたが、画面の初期表
示状態では入力欄は空であり、「text」属性を使用してもセレクターは安定しません。

もう一方の「aastate」属性は、画面要素の状態を示す属性であり、「金額」以外の入力欄もフォーカス（入力）可能であるため、画面要素を特定する情報として使えません（図 12.9）。

■図 12.9　aastate 属性を使用しても画面要素を特定できない

このような場合、どのようにチューニングすればセレクターを安定させることができるのでしょうか。次節以降で 2 つのチューニングテクニックを説明します。

## 12.3　相対要素（アンカー）を使用したチューニング

1 つ目は相対要素（アンカー）を使用したチューニング方法です。

❶ まず UI Explorer を開きます。「要素を選択」をクリックし、「金額」の入力欄を指定します（図 12.10）。

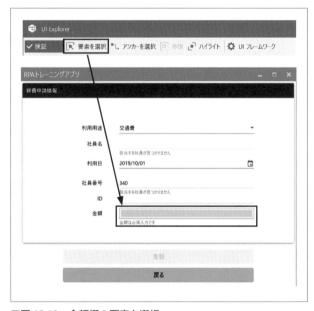

■図 12.10　金額欄の要素を選択

インデックスを含むセレクターが作成されます。

```
<wnd app='rpatrainingapp.exe' cls='HwndWrapper*' title='RPA トレーニングアプリ ' />
<ctrl automationid='ExpenseInputBox' />
<ctrl idx='3' role='editable text' />
```

❷ 続いて「アンカーを選択」をク
リックし、金額の見出しラベルを指
定します（図12.11）。

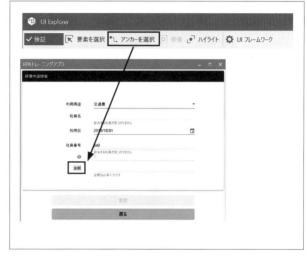

■図12.11 「アンカー」を選択する

　作成されたセレクターは、インデックスが含まれておらず、先ほどのセレクターと比べると、
3行目、4行目が追加されています。

```
<wnd app='rpatrainingapp.exe' cls='HwndWrapper*' title='RPA トレーニングアプリ ' />
<ctrl automationid='ExpenseInputBox' />
<ctrl name=' 金額 ' role='text' />
<nav up='1' />
<ctrl role='editable text' />
```

　3行目は、金額の見出しラベルを示しています。

```
<ctrl name=' 金額 ' role='text' />
```

　4行目にある、< nav >というタグは、操作対象の画面要素と、その画面要素を見つけるため
の目印（アンカー）となる画面要素がどの位置にあるかを相対的に示す情報です。

```
<nav up='1' />
```

今回の例でいうと、操作対象の画面要素（金額の入力欄）を特定するため、金額の見出しラベル（3行目）を目印（アンカー）として指定しました。

アプリケーションの画面は階層構造となっているため、金額の入力欄と金額の見出しラベルの相対的な階層関係を自動的に抽出し、'1' というレベルが設定されました。この情報が追加されたことにより、インデックスを使用しなくても画面要素を特定することができるようになったため、インデックスは削除されたということです。

（注）nav up='1' は、1階層上の画面要素の配下（つまり同じ階層）にいることを示します。

相対要素（アンカー）を使用したチューニング方法とは、操作対象の画面要素（1、2、5行目）だけでは要素を一意に特定できなかった場合に、関連のある画面要素を追加情報として登録し、画面要素を特定するための情報量を増やすことでセレクターを安定させる手法です。

なお、自動レコーディングにおいて、画面要素を特定するための情報が不十分で、インデックスを含むセレクターが生成される場合などには、右のポップアップが表示されます（図 12.12）。

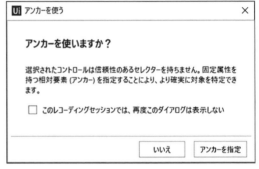

■図 12.12 「アンカーを使う」ポップアップ

ここで「アンカーを指定」をクリックし、目印となる画面要素を指定することで、相対要素（アンカー）を使用したセレクターが作成されます。

相対要素（アンカー）を使用したセレクターは、次節で説明するアンカーベースによるチューニング方法に比べ、以下の点で優れています。

- バックグラウンドでも動作する
- レイアウト変更の影響を受けにくい

❸ インデックスが含まれるセレクターになっている以下3箇所のアクティビティを、相対要素を使用したセレクターに修正し、実行してください。10件登録できるようになれば成功です。

- ［文字を入力：社員番号］アクティビティ
- ［文字を入力：金額］アクティビティ
- ［テキストを取得：申請 No.］アクティビティ

（注）仮に、navup の値が 3 以上になった場合は、画面要素間の関連性が低く、安定しないことが想定されるので、相対要素の見直しや、他のチューニング方法を使用することを検討してください。

## 12.4 アンカーベースによるチューニング

　2つ目の手法は、［アンカーベース］というアクティビティを使用したチューニング方法です。

　「12.1. 事前準備」でダウンロードした zip ファイルを別の場所に解凍し、UiPath Studio でプロジェクトを開いてください。

　金額の入力欄を［アンカーベース］アクティビティを使用するパターンに置き換えましょう。

**❶** アクティビティパネルより［アンカーベース］アクティビティを選択し、［繰り越し（各行）：経費登録］アクティビティ内にある［文字を入力：金額］アクティビティの上に配置し、アクティビティ名を「アンカーベース：金額」に変更します。

　［アンカーベース］アクティビティには、「アンカー」と「アクションアクティビティ」の2つを指定する必要があります（図 12.13）。

■図 12.13　［アンカーベース］アクティビティ

　「アクションアクティビティ」には、自動化したい操作によって、［クリック］や［文字を入力］アクティビティなどを配置します。

　「アンカー」には、［要素を探す］アクティビティなどを配置し、そのセレクターには、操作対象となる画面要素を特定するための目印（アンカー）となる画面要素を指定します。早速設定してみましょう。

**❷** アクティビティパネルより［要素を探す］アクティビティを選択し、アンカーと表示されている箇所に配置します。「ウィンドウ内で要素を指定」をクリックし、金額の見出しラベルを指定します（図 12.14）。

　RPA トレーニングアプリを開いて、新規経費申請画面にしておく必要があります。

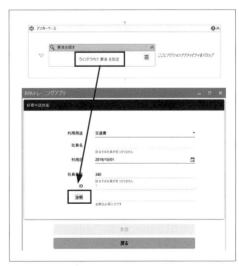

■図 12.14　「金額」要素を指定する

［要素を探す］アクティビティのセレクターは以下になっています。

```
<wnd app='rpatrainingapp.exe' cls='HwndWrapper*' title='RPA トレーニングアプリ' />
<ctrl automationid='ExpenseInputBox' />
<ctrl name=' 金額 ' role='text' />
```

❸ 続いて、アクティビティパネルより［文字を入力］アクティビティを選択し、アクションアクティビティと表示されている領域に配置します。「ウィンドウ内で要素を指定」をクリックし、金額の入力欄を指定します（図 12.15）。

■図 12.15　金額の入力欄を指定する

❹ テキストプロパティに、「row（"金額"）.ToString」と入力します。以上で、アンカーベースアクティビティの設定は完了です。

ここで［文字を入力］アクティビティのセレクターを見るため、セレクターエディターを開く操作を行ってください。そうするとセレクターエディターではなく、式エディターが表示され、アンカーベースのセレクターはセレクターエディターではサポートされない旨が表示されます（図 12.16）。

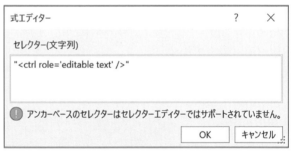

■図 12.16　式エディターの表示

セレクターは非常にシンプルな「"< ctrl role='editable text' />"」のみが設定されています。

［アンカーベース］アクティビティでは、まずアンカーに該当する画面要素を検索します。そして画面上の位置関係より、アンカーに最も近いアクションアクティビティのセレクターを検索し、見つかった画面要素に対して処理を実行します。

相対要素（アンカー）を使用したチューニングはアプリケーション内部の階層構造を使用しているのに対して、アンカーベースのセレクターでは、画面上の位置関係を使用しています。そのため、画面が最小化されている場合や、バックグラウンドで実行する場合などは正常に動作しません。相対要素（アンカー）を使用したチューニングではうまくいかない場合などに使用することを推奨します。

❺　インデックスが含まれるセレクターになっている以下3箇所のアクティビティを、アンカーベースを使用したセレクターに置き換え、実行してください。10件登録できるようになれば成功です。

- ［文字を入力：社員番号］アクティビティ
- ［文字を入力：金額］アクティビティ
- ［テキストを取得：申請 No.］アクティビティ

## 12.5　セレクターチューニングのまとめ

　ここまでセレクターをチューニングする方法を複数説明してきましたが、結局どのやり方でチューニングすればいいのか迷われる方もいると思います。

　著者が推奨するワークフロー構築時におけるセレクターのチューニングの流れは以下の通りです（表 12.1）。

| 優先順位 | チューニング方法 |
|---|---|
| 1 | セレクターの修復 |
| 2 | セレクターの確認と UI Explorer によるセレクター属性の変更 |
| 3 | 相対要素（アンカー）を使用したチューニング |
| 4 | アンカーベースによるチューニング |

■表 12.1　セレクターのチューニング

　まずはワークフローを構築し、構築完了後、動作確認を行います。もし動作確認でセレクター関係のエラーが発生した場合、まずはセレクターエディターで「セレクターの修復」を試みます。

　「セレクターの修復」でうまくいかない場合、UI Explorer を開き、idx や機械的に付与された意味のない id 属性（'Id_1578309696938 など）が含まれていないか確認します。これらが含まれる場合、aaname 属性や class 属性など、意味のある属性情報が使用できないか確認し、検証します。

　意味のある属性情報が使用できない場合は、「相対要素（アンカー）を使用したチューニング」が使用できないか検証し、うまくいかない場合は、「アンカーベースによるチューニング」を行います。これが基本的なセレクターチューニングの流れとなります。

# Chapter 13

# アクティビティのプロパティをチューニングしよう

本章は5つの節で構成されています。

| 節 | 内容 |
|---|---|
| 13.1 | 事前準備 |
| 13.2 | 画面操作系アクティビティのプロパティチューニング |
| 13.3 | Excel 操作系アクティビティのプロパティチューニング |
| 13.4 | 動作確認時の追加チューニング |
| 13.5 | プロパティチューニングのまとめ |

Chapter6 では画面操作に関する主要なアクティビティとそのプロパティ設定について、Chapter10 では Excel 操作系のアクティビティとそのプロパティ設定について説明しました。

本章では、Chapter12 の経費申請ワークフローのプロパティ設定を見直し、ワークフローの安定性を向上させるテクニックについて学びます。

本章をお読みいただき、プロパティ設定の流れを理解することで、ワークフローの安定性向上のテクニックを習得することができます。

## 13.1 事前準備

### 13.1-1 演習コンテンツのダウンロードとセットアップ

以下の URL にアクセスし、「Chapter12.3. 相対要素（アンカー）を使用したチューニング .zip」をダウンロードしてください。Chapter12.3 で作成したものと同じ状態のプロジェクトなので、ご自身で作成されたプロジェクトをご使用いただいてもかまいません。

https://rpatrainingsite.com/downloads/answer/

ダウンロードした zip ファイルを解凍し、解凍したフォルダ内の project.json ファイルを指定して、UiPath Studio でプロジェクトを開いてください。

続いて RPA トレーニングアプリを起動してください。セレクター訓練モードがオンになっていることを確認し、UiPath Studio からプロジェクトを実行してみましょう。10 件登録されていれば OK です。

事前準備は以上です。安定性を向上させるため、アクティビティのプロパティをチューニングしていきます。

## 13.2　画面操作系アクティビティのプロパティチューニング

まず画面操作系のアクティビティのチューニングを行っていきます。本プロジェクトで使用している画面操作系アクティビティは以下です。

- ［ウィンドウにアタッチ］
- ［文字を入力］
- ［クリック］
- ［項目を選択］
- ［テキストを取得］

［ウィンドウにアタッチ］アクティビティは、セレクター以外特に気にすべきところはありません。残り4種類のアクティビティを使用している箇所を順番に確認し、プロパティ設定を以下の推奨値に変更します（表13.1～13.4）。

### 13.2-1　［文字を入力］アクティビティの推奨設定（確認する項目）

| 設定項目 | 既定値 | 推奨値 |
|---|---|---|
| ウィンドウメッセージを送信 | False | False |
| フィールド内を削除 | False | True |
| 入力をシミュレート | False | True |
| 準備完了まで待機 | INTERACTIVE | COMPLETE |
| 表示名 | 文字を入力 | 文字を入力：［入力欄の名称］ |

■表13.1　［文字を入力］アクティビティ設定

### 13.2-2　［クリック］アクティビティの推奨設定（確認する項目）

| 設定項目 | 既定値 | 推奨値 |
|---|---|---|
| ウィンドウメッセージを送信 | False | False |
| カーソル位置：X,Y | 設定なし | 設定なし |
| カーソル位置：位置 | Center | Center |
| クリックをシミュレート | False | True |
| 準備完了まで待機 | INTERACTIVE | COMPLETE |
| 表示名 | クリック | クリック：［クリックする項目の名称］ |

■表13.2　［クリック］アクティビティ設定

### 13.2-3 ［項目を選択］アクティビティの推奨設定（確認する項目）

| 設定項目 | 既定値 | 推奨値 |
|---|---|---|
| 準備完了まで待機 | INTERACTIVE | COMPLETE |
| 表示名 | 項目を選択 | 項目を選択：［選択項目の名称］ |

■表 13.3　［項目を選択］アクティビティ設定

### 13.2-4 ［テキストを取得］アクティビティの推奨設定（確認する項目）

| 設定項目 | 既定値 | 推奨値 |
|---|---|---|
| 準備完了まで待機 | INTERACTIVE | COMPLETE |
| 表示名 | テキストを取得 | テキストを取得：［取得項目の名称］ |

■表 13.4　［テキストを取得］アクティビティ設定

　以上です。続いて Excel 操作系アクティビティのプロパティチューニングに移りましょう。

## 13.3　Excel 操作系アクティビティのプロパティチューニング

　Excel 操作系のアクティビティのチューニングを行っていきます。本プロジェクトで使用している画面操作系アクティビティは以下です。

- ［Excel アプリケーションスコープ］
- ［範囲を読み込み］

　これらのアクティビティを使用している箇所を順番に確認し、プロパティ設定を推奨値に変更します。Excel の場合、読み込み用途か書き込み用途かで推奨値が異なるので、順番に確認しましょう。

### 13.3-1 ［Excel アプリケーションスコープ］アクティビティの推奨設定（確認する項目）

#### ●読み込み専用の設定

　［経費申請 Excel の読み込み］アクティビティに関しては以下の推奨値に変更します（表 13.5）。

| 設定項目 | 既定値 | 推奨値 |
|---|---|---|
| 可視 | True | False |
| 新しいファイルの作成 | True | False |
| 自動保存 | True | False |
| 読み込み専用 | False | True |
| 表示名 | Excel アプリケーションスコープ | Excel アプリケーションスコープ：［Excel ブック名］ |

■表 13.5　［経費申請 Excel の読み込み］アクティビティ設定

●書き込み用の設定

［経費申請Excelへの書き込み］アクティビティに関しては以下の推奨値に変更します（表13.6）。

| 設定項目 | 既定値 | 推奨値 |
|---|---|---|
| 可視 | True | False |
| 新しいファイルの作成 | True | True |
| 自動保存 | True | True |
| 読み込み専用 | False | False |
| 表示名 | Excel アプリケーションスコープ | Excel アプリケーションスコープ：［Excel ブック名］ |

■表 13.6　［経費申請 Excel への書き込み］アクティビティ設定

### 13.3-2　［範囲を読み込み］アクティビティの推奨設定（確認する項目）

［範囲を読み込み］アクティビティに関しては以下の推奨値に変更します（表13.7）。

| 設定項目 | 既定値 | 推奨値 |
|---|---|---|
| ヘッダーの追加 | True | True（ヘッダー行が存在する場合） |
| 表示名 | 範囲を読み込み | 範囲を読み込み：［Excel シート名］ |

■表 13.7　［範囲を読み込み］アクティビティ設定

## 13.4　動作確認時の追加チューニング

　一通りアクティビティのプロパティ設定の見直しが完了したら、動作確認を行います。RPAトレーニングアプリをログアウトし、実行してみてください。

　すると、1行目データの登録処理で登録ボタンが有効化されず押せません。30秒待っていただくとタイムアウトエラーが発生したかと思います。画面の状態を見てみましょう（図13.1、表13.8）。

■図 13.1　エラー時の画面状況

| 項目 | エラー有無 | 備考 |
|---|---|---|
| 金額 | 正常 | - |
| 利用日 | 正常 | - |
| 利用用途 | 正常 | ポップアップが表示されてはいますが正常です。 |
| 社員番号 | エラーあり | 正しく入力されていますが、「該当する社員が見つかりません」とエラーが表示されています。 |
| 社員名 | エラーあり | 「該当する社員が見つかりません」とエラーが表示されています。 |

■表13.8　エラー有無の状況

　社員番号が正しく入力されているにも関わらず、エラーが発生しています。社員番号でエラーが出ているため、社員名も同様にエラーが発生しています。

　試しに、直接「社員番号」の入力欄をクリックし、その後「利用日」や「金額」の入力欄をクリックしてみましょう。エラーが消えます（図13.2）。

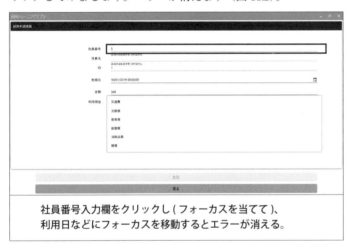

社員番号入力欄をクリックし（フォーカスを当てて）、
利用日などにフォーカスを移動するとエラーが消える。

■図13.2　エラーを消す操作

　安定性を向上させるため、アクティビティのプロパティをチューニングしたはずなのに、逆にエラーが発生してしまいました。この理由を解説するために、少しだけRPAトレーニングアプリの作りを説明します。

　RPAトレーニングアプリの経費申請画面には「社員番号チェック」と「社員名取得」という機能があります。

　入力された社員番号を確認し、有効な社員番号であれば、社員名を内部データベースから取得し画面上に表示します。有効な社員番号でなければ、エラーを表示し登録ボタンが無効化されます。初期表示では社員番号が未入力であるため、登録ボタンは無効化されています。

　そして重要なことが、これらの処理が実行されるトリガーは、**社員番号の入力欄を選択し（フォーカスを当て）、社員番号を入力後、別の項目にフォーカスを移動した際**であるということ

です。

　これらを踏まえたうえで、UiPath のプロパティチューニングの話に戻ります。

　［文字を入力：社員番号］アクティビティで、［入力をシミュレート］プロパティを「True」に設定しました。このオプションを有効にすることで、バッググラウンドでも動作するため、操作項目が何らかのポップアップメッセージや画面に隠れてしまった場合、入力失敗するリスクを回避でき、また処理速度も速いものになりました。

　一方で「シミュレート」モードは通常、人が行う画面操作とは異なる手法（テクノロジー）で操作項目に値を設定するので、フォーカスは変更されません。つまり、**社員番号の入力欄を選択せずに（フォーカスを当てずに）、社員番号を入力**しているのです。そのため、「社員番号チェック」と「社員名取得」処理が実行されず、登録ボタンが有効化されなかったというわけです。

　対策方法としては Chapter6 でも説明した通り、「シミュレート」モードでうまくいかない場合は、「ウィンドウメッセージを送信」プロパティを True に設定して動作確認を行います。

　実際に設定を変更し、再度実行してみてください。正常に 10 件登録が完了したと思います。

　こうした作りのアプリケーションは珍しいものではなく、かつ事前に把握できないことも多いため、まずはシミュレートプロパティを「True」にし、動作確認をしながらチューニングをしていく必要があります。

## 13.5　プロパティチューニングのまとめ

　アクティビティ配置後、アクティビティのプロパティは個別に見直しをしましょう。特に画面操作系アクティビティのプロパティ設定は、安定性に大きく影響を与えるので、重点的に動作確認をすることを推奨します。

# Chapter 14

# エラー制御を使いこなそう

本章は5つの節で構成されています。

| 節 | 内容 |
|------|------|
| 14.1 | エラーの種類を知ろう |
| 14.2 | エラー発生時の対処を考えよう |
| 14.3 | エラー制御に関するアクティビティ |
| 14.4 | ビジネス例外を発生させよう |
| 14.5 | トライキャッチで例外を処理しよう |

　どれだけ丁寧にワークフローを作ったとしても、ファイルフォーマット変更やウェブサイト更新、データ不備などの外部要因によって処理を継続できない状況が発生します。

　こうした際に理由もわからずRPAが停止したり、不正に処理が実行されると、たちまち不信感に繋がります。業務に影響が出るかもしれません。

　本章のエラー制御について学ぶことで、適切なエラー制御を行うことができるようになり、信頼性の高いワークフローを作ることができます。

## 14.1　エラーの種類を知ろう

　ワークフロー実行時には様々な問題が起きる可能性がありますが、これらの問題を適切に対処するために、まずエラーの種類を理解することから始めましょう。

　エラーは「アプリケーション例外」と「ビジネス例外」に大きく分類されます。

### 14.1-1　アプリケーション例外

　**アプリケーション例外とは、技術的な問題が原因で、アプリケーション（ワークフロー）を継続することができないエラー**を指します。

　アプリケーション例外が発生すると、UiPath自体が処理を継続できなくなります。問題が発生したことをユーザーに通知するため、UiPathによって例外（Exception）が発生します。

　アプリケーション例外の例としては以下が挙げられます。

- ブラウザーが応答なしで固まってしまった
- システムメンテナンスで対象システムにアクセスできない
- ロジック不備による不具合

ビジネス例外とは、業務上の問題により、処理を中断する必要があるエラーを指します。

アプリケーション例外とは違い、ビジネス例外は UiPath 自体が処理を継続できなくなるとは限りません。処理を中止し問題が発生したことをユーザーに通知するには、例外（Exception）が発生するアクティビティを配置するなどのエラー制御が必要です。

ビジネス例外の例としては以下が挙げられます。

- 入力データに不備がある
- 実行に必要なファイルが見つからない
- 存在しない社員番号が指定された
- 日付入力ダイアログで日付以外が入力された

## 14.2　エラー発生時の対処を考えよう

エラー制御を行わない場合、エラーが発生すると UiPath によってエラーダイアログが表示され、ワークフローは停止します（図 14.1）。

■図 14.1　エラーダイアログ

例えば「100 件の登録処理を行い、100 件登録後、登録結果を Excel に出力する」という処理において、エラー制御を行わなかった場合、91 件目でエラーが発生したらどうなるのでしょうか。UiPath によってエラーダイアログが表示され、ワークフローは停止しますが、登録結果が Excel に出力されないため、どこまで処理されたのかもわかりません。また担当者が画面を見ていなければ、エラーが発生したことに気づかないかもしれません。

エラー制御とは「エラーが発生したことをワークフロー内で認識し、途中までの処理結果をファイルに書き込む、運用担当者にメールで通知する、処理を中止する、その案件の登録をスキップするなど、エラー発生時の対処を行う」ことです。エラー制御を適切に行うことでワークフローの信頼性が向上します。

UiPath にはエラーを認識し対処する部品として［トライキャッチ］アクティビティがあります。使用方法は後ほど説明しますが、［トライキャッチ］アクティビティを使用することで、エラー発生を認識することができます。

エラーの発生を認識できたとして、どういう対処を行うと良いのか、ポイントを整理していきましょう。

- 処理を継続するべきか、中止するべきか
- ユーザーへのエラー通知方法

## 14.2-1　処理を継続するべきか、中止するべきか

　処理を継続するか、強制終了するかを決めます。アプリケーション例外とビジネス例外に分けて考えましょう。

### ●アプリケーション例外の場合

　多くの場合、アプリケーション例外は想定外の問題によって引き起こされます。そのため、処理を継続するとどのような挙動となるか予測できない、または単純に処理を継続できないため、ワークフローの実行を中止することが求められます。

### ●ビジネス例外の場合

　ビジネス例外の場合、処理を継続するべきか、強制終了するべきかはケースによって異なります。例えば、以下の場合はワークフローを継続できないため、中止することが求められます。

- 実行に必要なファイルが見つからない
- システムログインに失敗した

　一方で、以下の場合は当該案件の処理のみスキップしてワークフローを継続することができます。

- 繰り返し処理中でのデータ不備

## 14.2-2　ユーザーへのエラー通知方法

　代表的なユーザーへのエラー通知方法についてご紹介します。これらは業務内容に関わらず、共通で利用できる処理であるため、全ての業務で共通の仕組みを採用することで、作業時間が削減でき、動作も安定します（表14.1）。

| 方法 | 概要 |
|---|---|
| メール送信 | エラーの発生をメールで通知する。物理的な距離が離れていても複数の人にエラーの発生を通知することができる。 |
| エラーダイアログ表示 | トレイアイコンから手動でプロセスを起動する際には、一番簡単で、わかりやすい通知方法。しかし、UiPath Orchestrator からスケジュール実行を行う場合には注意が必要。エラーダイアログを表示すると、そのダイアログを人が閉じない限りプロセスは起動中のまま終了せず、次のスケジュールが開始されない。 |
| UiPath 標準ログ出力 | [メッセージをログ] アクティビティを使って、処理状況をログファイルに出力することができる。エラー原因を特定するには、ログファイルに細かく処理状況を書き込むことが重要。 |

■表 14.1　エラーの通知方法

## 14.3　エラー制御に関するアクティビティ

エラー制御に関するアクティビティを紹介します（表 14.2）。

| アクティビティ名 | 説明 |
|---|---|
| トライキャッチ | シーケンスまたはアクティビティの中で指定した例外の種類をキャッチし、エラー通知を表示するか、例外を無視して実行を続ける。 |
| スロー | 例外を発生させる。 |
| 再スロー | 例外処理ブロックで発生した例外を再スローする。 |

■表 14.2　エラー制御に関するアクティビティ

### 14.3-1　[トライキャッチ] アクティビティ

エラーが発生したことをワークフロー内で認識し、対処を行うためのアクティビティです。[Try] [Catches] [Finally] という3つのフィールドから構成されます（図 14.2）。

■図 14.2　[トライキャッチ] アクティビティ

## ● Try フィールド

　処理を行うアクティビティを配置するフィールドです。Try フィールド内に配置されたアクティビティで例外が発生すると、Catches フィールドが呼び出されます。Catches フィールド内で例外発生時の対処を行います。

## ● Catches フィールド

　例外が発生した後に実行するアクティビティを配置するフィールドです。Catches フィールドは、発生した例外の種類ごとに作成できます（図 14.3）。

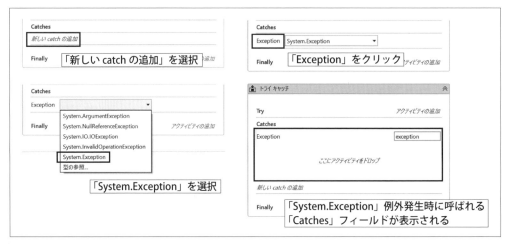

■図 14.3　Catches フィールドの作成

　変数の型があるように、例外にも型が存在します。エラーダイアログで「例外の種類」として表示されているものです（図 14.4）。

■図 14.4　例外の型

UiPathで遭遇する例外として、代表的なものを以下に紹介します（表14.3）。

| 型名 | 例外内容 | 発生例 |
|---|---|---|
| ArgumentException | パラメータ不正 | Excelの範囲を読み込む処理で指定したシートが見つからない場合。 |
| NullReferenceException | 存在しないデータにアクセスしようとしている | 配列で存在しない要素を指定した場合。初期化していない配列にアクセスした場合。 |
| SelectorNotFoundException | セレクターが見つからない | クリックや文字入力などのUI操作時にUI要素が見つからない場合。 |
| FormatException | 不正な文字が入力された | 日本語文字列を数字に型変換しようとした場合。 |
| ActivityTimeoutException | タイムアウト時間を超過 | ［要素を探す（Find Elements）］アクティビティでタイムアウト時間を超過した場合。 |
| BusinessRuleException | 業務上、例外として扱う | ワークフローにて意図的にビジネス例外を発生させた場合。 |

■表14.3　代表的な例外

これら全てを個別に認識し、別々の対処をするには、右のように個別のCatchesフィールドを作成します（図14.5）。

■図14.5　例外の個別対処方法

ただし、毎回このように複数のCatchesフィールドを作成するのは面倒ですし、これらの型以外の例外が発生した場合は認識できません。

先ほど紹介した例外の型以外に、全ての例外を認識する「System.Exception」という例外の型も存在します。System.Exceptionを指定すると、1つのCatchesフィールドで全ての例外を認識し、対処することができます。

使い方の例としては、「BusinessRuleException」と「System.Exception」をCatchesフィールドに定義することで、ビジネス例外の場合の対処と、アプリケーション例外の場合の対処を分

けて行うことができます（図14.6）。

トライ キャッチ

| Try | アクティビティの追加 |
| Catches | |
| BusinessRuleException | アクティビティの追加 |
| Exception | exception |

*ここにアクティビティをドロップ*

*新しい catch の追加*

| Finally | アクティビティの追加 |

■図14.6　ビジネス例外とアプリケーション例外

本章の後半で、この使い方を学習しましょう。


● Finally フィールド

エラーが発生した場合、エラーが発生しなかった場合、どちらの場合でも最終的になにかの後処理を行うときは、**Finally** フィールドを使用します。後処理が不要であれば、指定する必要はありません。


## 14.3-2　［スロー］アクティビティ

任意の例外を発生させるアクティビティです。

例えば「10万円以上の経費申請は事前申請が必要なため、ビジネス例外とする」といった要件があったとします。

Excel に入力されている金額が10万円以上であっても取得でき、登録する際にもアプリケーション側ではエラーにならないかもしれません。このようなときには、故意にビジネス例外として例外を発生させる必要があります。

例外を発生させるには［スロー］アクティビティの［例外］プロパティに、発生させたい例外の型とエラーメッセージを以下のように指定します（図14.7）。

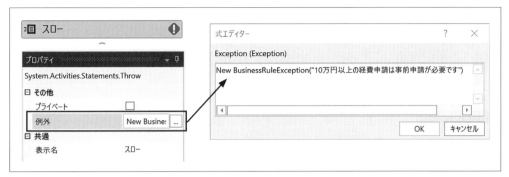

■図14.7　例外の型とエラーメッセージの指定

New BusinessRuleException（"10万円以上の経費申請は事前申請が必要です"）

## 14.3-3　［再スロー］アクティビティ

　［トライキャッチ］アクティビティのCatchesフィールドで処理した例外を、再度エラーとして発生させる部品です。

　［トライキャッチ］アクティビティのTryフィールドで例外が発生した場合、Catchesフィールドが呼び出され、Catchesフィールド内で例外発生時の対処を行うと説明しました。

　Catchesフィールドが呼び出された後は、例外が対処されたものとして、エラー扱いではなくなり、ワークフローが継続されます。

　さらに親のワークフローにエラー処理を任せたい場合、Catchesフィールド内で［再スロー］アクティビティを配置することで、親ワークフローにエラーを伝播することができます（図14.8）。

■図14.8　［再スロー］アクティビティを配置する

## 14.4 ビジネス例外を発生させよう

### 14.4-1 事前準備

❶ 以下の URL にアクセスし、「Chapter13.4. 経費申請 _ プロパティチューニング .zip」をダウンロードしてください。Chapter13 で作成したものと同じ状態のプロジェクトですので、ご自身で作成されたプロジェクトをご使用いただいてもかまいません。

https://rpatrainingsite.com/downloads/answer/

❷ ダウンロードした zip ファイルを解凍し、解凍したフォルダ内の project.json ファイルを指定して、UiPath Studio でプロジェクトを開いてください。

❸ 「Chapter14_ 経費申請データ .xlsx」をダウンロードし、任意のフォルダに配置します。

https://rpatrainingsite.com/downloads/

「Chapter14_ 経費申請データ .xlsx」では一部のデータが入力されていません（図 14.9）。

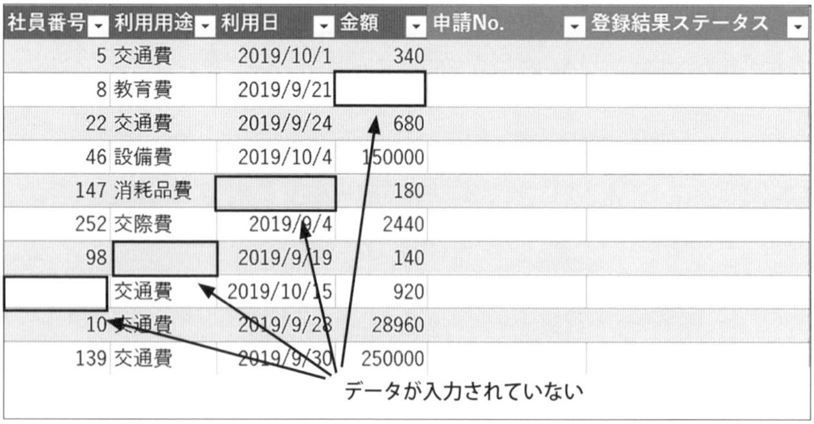

| 社員番号 | 利用用途 | 利用日 | 金額 | 申請No. | 登録結果ステータス |
|---|---|---|---|---|---|
| 5 | 交通費 | 2019/10/1 | 340 | | |
| 8 | 教育費 | 2019/9/21 | | | |
| 22 | 交通費 | 2019/9/24 | 680 | | |
| 46 | 設備費 | 2019/10/4 | 150000 | | |
| 147 | 消耗品費 | | 180 | | |
| 252 | 交際費 | 2019/9/4 | 2440 | | |
| 98 | | 2019/9/19 | 140 | | |
| | 交通費 | 2019/10/15 | 920 | | |
| 10 | 交通費 | 2019/9/28 | 28960 | | |
| 139 | 交通費 | 2019/9/30 | 250000 | | |

データが入力されていない

■図 14.9 Excel のデータが欠けている

❹ ［経費申請 Excel の読み込み］アクティビティの［ブックのパス］プロパティを、先ほどダウンロードした「Chapter14_ 経費申請データ .xlsx」のパスに変更してください。

❺ ［経費申請 Excel への書き込み］アクティビティの［ブックのパス］プロパティも同様に変更してください。

以上で準備は完了です。

現在の経費申請ワークフローには入力チェック処理が含まれていないことで「登録」ボタンが有効化されずに押せないため、アプリケーション例外が発生してしまいます。データが入力されていない場合は、ビジネス例外を発生させるように変更しましょう。

### 14.4-2 ビジネス例外発生処理の追加

Excel データ行の繰り返し登録を行っている箇所に入力チェック処理を追加します。データが

未入力である場合にビジネス例外を発生させる処理を追加します。

❶ Main ワークフローを開き、［繰り返し（各行）：経費登録］アクティビティ内部の［待機］アクティビティの下に［シーケンス］アクティビティを配置し、表示名を「入力チェック」に変更します（図14.10）。

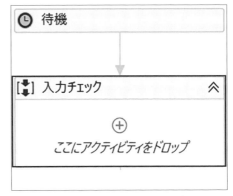

■図14.10 ［シーケンス］アクティビティを配置する

❷ ［入力チェック］シーケンスの中に、［条件分岐］アクティビティを配置し、以下のプロパティを設定します（図14.11、表14.4）。

■図14.11 ［条件分岐］アクティビティを配置する

| プロパティ名 | 設定値 |
|---|---|
| 表示名 | 条件分岐：社員番号入力チェック |
| 条件 | row（" 社員番号 "）.ToString = "" |

■表14.4 ［条件分岐］アクティビティのプロパティ設定

❸ 条件分岐の「Then」内部に、［スロー］アクティビティを配置し、以下のプロパティを設定します（図14.12、表14.5）。

■図14.12 ［スロー］アクティビティを配置する

| プロパティ名 | 設定値 |
| --- | --- |
| 例外 | New BusinessRuleException（" 社員番号が入力されていません "） |
| 表示名 | スロー：ビジネス例外（社員番号未入力） |

■表14.5 ［スロー］アクティビティのプロパティ設定

　社員番号同様に、「利用用途」「利用日」「金額」列の入力チェック処理を追加します。

❹「条件分岐：社員番号入力チェック」シーケンスの下に、［条件分岐］アクティビティを3つ配置し、以下のプロパティを設定します（表14.6 〜 14.8）。

●条件分岐：利用用途

| プロパティ名 | 設定値 |
| --- | --- |
| 条件 | row（" 利用用途 "）.ToString = "" |
| 表示名 | 条件分岐：利用用途入力チェック |

■表14.6 ［条件分岐：利用用途］のプロパティ設定

●条件分岐：利用日

| プロパティ名 | 設定値 |
| --- | --- |
| 条件 | row（" 利用日 "）.ToString = "" |
| 表示名 | 条件分岐：利用日入力チェック |

■表14.7 ［条件分岐：利用日］のプロパティ設定

●条件分岐：金額

| プロパティ名 | 設定値 |
| --- | --- |
| 条件 | row（" 金額 "）.ToString = "" |
| 表示名 | 条件分岐：金額入力チェック |

■表14.8 ［条件分岐：金額］のプロパティ設定

❺ それぞれの条件分岐「Then」内部に、[スロー] アクティビティを配置し、以下のプロパティを設定します（表 14.9 〜 14.11）。

### ●スロー：利用用途

| プロパティ名 | 設定値 |
| --- | --- |
| 例外 | New BusinessRuleException（" 利用用途が入力されていません "） |
| 表示名 | スロー：ビジネス例外（利用用途未入力） |

■表 14.9 ［スロー：利用用途］のプロパティ設定

### ●スロー：利用日

| プロパティ名 | 設定値 |
| --- | --- |
| 例外 | New BusinessRuleException（" 利用日が入力されていません "） |
| 表示名 | スロー：ビジネス例外（利用日未入力） |

■表 14.10 ［スロー：利用日］のプロパティ設定

### ●スロー：金額

| プロパティ名 | 設定値 |
| --- | --- |
| 例外 | New BusinessRuleException（" 金額が入力されていません "） |
| 表示名 | スロー：ビジネス例外（金額未入力） |

■表 14.11 ［スロー：金額］のプロパティ設定

ワークフローは図のようになります（図 14.13）。

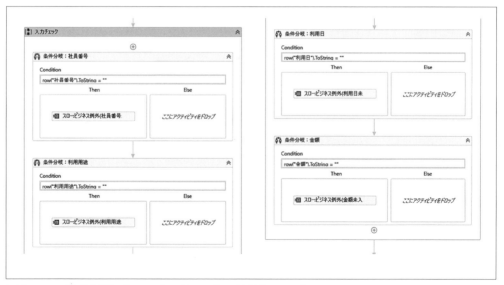

■図 14.13 ［条件分岐］、［スロー］アクティビティ配置後のワークフロー

入力チェック処理およびビジネス例外発生処理の追加は以上で完成です。

デモアプリを起動しログイン画面を表示した状態でワークフローを実行すると、ビジネス例外が発生して、ワークフローは異常終了してしまいます（図14.14）。

■図14.14　ビジネス例外によるエラーのダイアログ

次節で、ビジネス例外が発生した場合は当該案件処理のみスキップしワークフローを継続するように、例外処理を追加しましょう。

## 14.5　トライキャッチで例外を処理しよう

Excelデータ行の繰り返し処理に、ビジネス例外が発生した場合のみ処理を継続させる例外処理を追加します。

### 14.5-1　［トライキャッチ］の追加

❶ Mainワークフローを開き、［繰り返し（各行）：経費登録］内部の「Body」を右クリックし、表示されるメニューから「トライキャッチを使用して囲む（CTRL+T）」を選択します（図14.15）。

■図14.15　［トライキャッチ］を追加する

これによりBody全体が［トライキャッチ］アクティビティのTryフィールド内に配置されます（図14.16）。

■図 14.16　Body が Try フィールド内に配置される

## 14.5-2　ビジネス例外制御処理追加

　続いて、Catches フィールドにビジネス例外の制御処理を追加します。

❷ Catches フィールドで、「新しい catch の追加」>「型の参照」を選択します。

❸「型の名前」欄に、「BusinessRuleException」を入力し、「OK」を選択します。

❹「BusinessRuleException」フィールド内に、[メッセージをログ] アクティビティを配置し、以下のプロパティを設定します（表 14.12）。

| プロパティ名 | 設定値 |
| --- | --- |
| 表示名 | メッセージをログ：ビジネス例外内容 |
| レベル | Warn |
| メッセージ | exception.Message |

■表 14.12　[メッセージをログ] アクティビティのプロパティ設定

❺ [メッセージをログ] アクティビティの下に、[代入] アクティビティを配置し、以下のプロパティを設定します（表 14.13）。

| プロパティ名 | 設定値 |
| --- | --- |
| 表示名 | 代入：ビジネス例外内容 |
| 左辺値 | row（" 登録結果ステータス "） |
| 右辺値 | exception.Message |

■表 14.13　[代入] アクティビティのプロパティ設定

ワークフローは図のようになります（図14.17）。

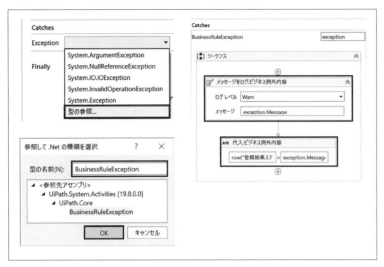

■図14.17　ビジネス例外のワークフロー

以上でビジネス例外の制御処理は終了です。

ワークフローを実行してみましょう。不備がない6件の申請データのみ、登録され、結果Excelには登録失敗の内容が記載されていれば成功です（図14.18）。

| 社員番号 | 利用用途 | 利用日 | 金額 | 申請No. | 登録結果ステータス |
|---|---|---|---|---|---|
| 5 | 交通費 | 2019/10/1 | 340 | 1 | 成功 |
| 8 | 教育費 | 2019/9/21 | | | 金額が入力されていません |
| 22 | 交通費 | 2019/9/24 | 680 | 2 | 成功 |
| 46 | 設備費 | 2019/10/4 | 150000 | 3 | 成功 |
| 147 | 消耗品費 | | 180 | | 利用日が入力されていません |
| 252 | 交際費 | 2019/9/4 | 2440 | 4 | 成功 |
| 98 | | 2019/9/19 | 140 | | 利用用途が入力されていません |
| | 交通費 | 2019/10/15 | 920 | | 社員番号が入力されていません |
| 10 | 交通費 | 2019/9/28 | 28960 | 5 | 成功 |
| 139 | 交通費 | 2019/9/30 | 250000 | 6 | 成功 |

| 申請No | 社員番号 | 社員名 | 利用日 | 利用用途 | 金額 | 申請日 | 承認日 | ステータス |
|---|---|---|---|---|---|---|---|---|
| 1 | 5 | 菱田 英人 | 2019/10/01 | 交通費 | 340 | 2020/01/25 | | 承認待ち |
| 2 | 22 | 白田 麗 | 2019/09/24 | 交通費 | 680 | 2020/01/25 | | 承認待ち |
| 3 | 46 | 岡 椿 | 2019/10/04 | 設備費 | 150000 | 2020/01/25 | | 承認待ち |
| 4 | 252 | 秋吉 麗一 | 2019/09/04 | 交際費 | 2440 | 2020/01/25 | | 承認待ち |
| 5 | 10 | 長内 恒男 | 2019/09/28 | 交通費 | 28960 | 2020/01/25 | | 承認待ち |
| 6 | 139 | 古澤 政吉 | 2019/09/30 | 交通費 | 250000 | 2020/01/25 | | 承認待ち |

■図14.18　Excelと経費アプリへの書き込み結果

このように、［トライキャッチ］アクティビティや［スロー］アクティビティなどを用いることで、エラーが発生したことをワークフロー内で認識し、途中までの処理結果をファイルに書き込む、運用担当者にメールで通知する、処理を中止する、その案件の登録をスキップするなど、エラー発生時の対処を行うことができます。

# Chapter 15

# リトライ処理を使いこなそう

本章は5つの節で構成されています。

| 節 | 内容 |
|---|---|
| 15.1 | リトライ処理とは |
| 15.2 | リトライ処理の実装方法 |
| 15.3 | リトライ処理で検討すべきポイント |
| 15.4 | 単純なリトライ処理 |
| 15.5 | リトライする前に特定の処理を行う方法 |

エラーが発生した際、ワークフローをむやみに継続せずエラー制御で処理を中止することによって、RPAの信頼性が向上します。

ただし時には何も修正せずに、ただ再実行するだけで最後まで正常に動作することもあるでしょう。エラー制御による処理の中断が相次ぐと、運用負荷が高くなってしまい、本来の自動化メリットが損なわれてしまうかもしれません。

本章をお読みいただくことで、効果的なリトライ処理の組み込み方を学び、手動再実行の業務負荷を減らすことができます。

## 15.1 リトライ処理とは

リトライ処理とは、**処理が異常終了した場合に同じ処理を再実行すること**を指します。**UiPathにおいては、アクティビティでエラーが発生した際に、1つ、または複数のアクティビティを自動で再実行すること**を指します。

それでは、リトライ処理はどのようなときに使用するものなのでしょうか。例えば以下のケースでは使用すべきなのかを考えてみましょう。

請求書管理システムから請求書情報をダウンロードする業務を自動化し、3か月前から自動化プロセスが動いています。請求書管理システムは古いWebシステムで、請求書情報を検索すると、数回に一回、途中で応答がなく止まってしまいます。再度検索ボタンをクリックすると、正常に検索結果が表示されます。そこで一定時間応答がない場合、アプリケーション例外として処理を中止するようにエラー制御を行っています。

本ケースはエラー制御がされており、一見問題がないように思うかもしれません。しかし検索処理に失敗したタイミングでリトライ処理を入れれば、そもそもエラーにならずに、全件成功できる可能性があります。

## 15.2 リトライ処理の実装方法

リトライ処理に関するアクティビティを紹介します（表15.1）。

| アクティビティ名 | 説明 |
|---|---|
| リトライスコープ | 条件が満たされないかエラーがスローされる限り、含まれているアクティビティを再試行する。 |

■表 15.1　リトライ処理に関するアクティビティ

### 15.2-1　［リトライスコープ］アクティビティ

リトライ処理を行うためのアクティビティです。［操作］、［条件］という2つのフィールドから構成されます（図15.1）。

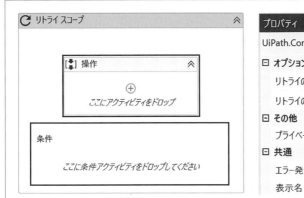

■図 15.1　［リトライスコープ］アクティビティ

操作フィールド内でエラーが発生した場合、または指定された条件が満たされない場合（条件フィールドの結果がFalseである場合）、操作フィールドが再実行されます。

［リトライの間隔］プロパティで指定された時間まで待機した後、再実行回数が［リトライの回数］プロパティで指定した回数に到達するまでリトライ処理が行われます。

再実行回数が［リトライの回数］プロパティで指定した回数に到達した場合、リトライが終了し、エラーが発生します（図15.2）。

■図 15.2　リトライ処理エラーのダイアログ

●操作フィールド

再実行したいアクティビティを配置するフィールドです。複数のアクティビティを配置することができます。

●条件フィールド

再実行条件を指定するフィールドです。条件フィールドに配置できるアクティビティは以下の通りです（表15.2）。

| アクティビティ名 | 説明 |
|---|---|
| 要素の有無を検出 | 指定した UI 要素が存在するかどうか検出し、結果を Boolean 値で返却する。 |
| 画像の有無を検出 | 指定した UI 要素の中で画像が見つかったかどうか検出し、結果を Boolean 値で返却する。 |
| テキストの有無を確認 | 指定した UI 要素の中でテキストが見つかったかどうか確認し、結果を Boolean 値で返却する。 |
| OCR でのテキストの有無を確認 | 指定した UI 要素の中でテキストが見つかったかどうか確認し、結果を Boolean 値で返却する。 |
| コレクション内での有無 | 指定のアイテムがコレクションに存在するか確認し、結果を Boolean 値で返却する。 |

■表 15.2　条件フィールドに配置できるアクティビティ

これらに共通するのは、結果を Boolean 値、つまり True または False で返却するということです。結果が False であればリトライ処理が行われます。

## 15.3 リトライ処理で検討すべきポイント

リトライ処理を行うにあたり、検討すべきことが2つあります。

- リトライする範囲
- リトライ前に特定の処理を行う必要があるか

### 15.3-1 リトライする範囲

以下のケースを考えてみましょう。

> **注** 「ログイン画面 → 検索画面 → 一覧画面 → 詳細画面」と画面を移動し、詳細画面のデータを取得する処理があります。一覧画面から詳細画面への移動時に、まれにエラーが発生することがあります。

リトライスコープの操作フィールド内に配置するのは、以下のどちらが良いでしょうか。

- 一覧画面から詳細画面への移動処理のみをリトライ対象とする
- この一連の処理を全てリトライ対象とする

これはエラー発生時の状況を元に判断する必要があります。

例えば、「ネットワークが混雑しています。再度実行してください。」というメッセージが表示されたとします。再度詳細画面への移動処理を行うことで正常に進むのであれば、一連の処理をリトライする必要はありません。

一方で、「サーバーで不明なエラーが発生しました。再度ログインからやり直してください。」というメッセージが表示された場合は、ログイン処理からやり直す必要がありそうです。

最適なリトライ範囲はケースによって異なります。また事前の設計段階でリトライ処理の設計を行うことは、システムに精通していないと難しく、基本的には開発中やテスト中に安定しない箇所が発生したタイミングで、リトライ処理の検討を推奨します。

### 15.3-2 リトライ前に特定の処理を行う必要があるか

リトライ処理では、操作フィールド内の処理が再実行されます。ただし、操作フィールド内の処理が再実行される前に、「エラーメッセージダイアログを閉じる操作」を行いたい場合や、「ブラウザーを閉じてから」再実行したいケースなどに遭遇することもあります。

リトライ前に特定の処理を行う必要があるときは、［リトライスコープ］アクティビティと［トライキャッチ］アクティビティを組み合わせることで実現可能です。

本章の後半で、リトライ前に特定の処理を行う方法を学習しましょう。

## 15.4 単純なリトライ処理

単純なリトライ処理を含むワークフローを構築する方法を、演習を通じて学びましょう。

### 15.4-1 自動化対象処理の説明

以下の URL に Google Chrome でアクセスしてください。

https://rpatrainingsite.com/onlinepractice/chapter15.4/

自動化する対象の操作は以下の通りです。

1. 「商品登録」タブをクリックする。
2. 「商品名」入力欄に「UiPath Studio」と入力する。
3. 「送信」ボタンをクリックする。
4. 「商品名:UiPath Studio を登録しました。」とダイアログが表示されるのを確認する。

ただし、「商品登録」タブをクリックしたタイミングで、「応答していません。再度実行してください。」とメッセージが表示され、「商品名」入力欄が表示されないことがあります。この場合、「商品登録」タブを何度かクリックすると「商品名」入力欄が表示されます（図 15.3）。

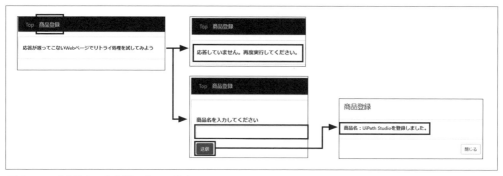

■図15.3 「商品名」入力欄の表示・非表示

「商品名を入力してください。」という見出しが表示されるまで、最大10回リトライを行うようにワークフローを構築しましょう。

## 15.4-2　自動化プロジェクトの作成

### ●自動化プロセスの作成と Main シーケンスの配置

❶ UiPath Studio を起動し、「Chapter15.4. 単純なリトライ処理」という名前の新規プロジェクトを作成してください。

❷ メインワークフローを開き、［シーケンス］アクティビティを配置し、表示名を「Main」に変更します。

### ●ブラウザーを開く操作とリトライ回数等の設定

❸ ［ブラウザーを開く］アクティビティを配置し、以下のプロパティを設定します（表15.3）。

| プロパティ名 | 設定値 |
|---|---|
| URL | "https://rpatrainingsite.com/onlinepractice/chapter15.4/" |
| ブラウザーの種類 | Chrome |
| 表示名 | ブラウザーを開く：単純なリトライ処理画面 |

■表15.3　［ブラウザーを開く］アクティビティのプロパティ設定

❹ ［ブラウザーを開く］アクティビティの「Do」内部に、［リトライスコープ］アクティビティを配置し、以下のプロパティを設定します（表15.4）。

| プロパティ名 | 設定値 |
|---|---|
| リトライの回数 | 10 |
| リトライの間隔 | 00:00:01 |

■表15.4　［リトライスコープ］アクティビティのプロパティ設定

> **注** リトライの間隔には、「時：分：秒」形式で入力します。1秒を指定する場合、「00:00:01」と入力します。

## ●リトライ対象処理の構築

❺ ［リトライスコープ］アクティビティの「操作」内部に、［クリック］アクティビティを配置します。「ブラウザー内で要素を指定」から「商品登録」を指定し、以下のプロパティを設定します（表15.5）。

| プロパティ名 | 設定値 |
|---|---|
| クリックをシミュレート | True |
| 準備完了まで待機 | COMPLETE |
| 表示名 | クリック：商品登録 |

■表15.5　［クリック］アクティビティのプロパティ設定

> **注**　次の画面操作の自動化を行うため、「商品名を入力してください」という見出しが表示されるまで、「商品登録」タブを手動でクリックしてください。

❻ 「クリック：商品登録」アクティビティの下に、［要素を探す］アクティビティを配置します。「ブラウザー内で要素を指定」から「商品名を入力してください」という見出しを指定し、以下のプロパティを設定します（表15.6）。

| プロパティ名 | 設定値 |
|---|---|
| 表示されるまで待つ | True |
| タイムアウト（ミリ秒） | 3000 |
| 準備完了まで待機 | COMPLETE |
| 表示名 | 要素を探す：商品名を入力してください |

■表15.6　［要素を探す］アクティビティのプロパティ設定

> **注**　［タイムアウト（ミリ秒）］プロパティに「3000」を指定することで、3秒（3000ミリ秒）間探して見つからなければエラーとする設定にしています。

❼ ［要素を探す：商品名を入力してください］アクティビティの下に、［文字を入力］アクティビティを配置します。「ブラウザー内で要素を指定」から商品名の入力欄を指定し、以下のプロパティを設定します（表15.7）。

| プロパティ名 | 設定値 |
|---|---|
| 入力をシミュレート | True |
| 準備完了まで待機 | COMPLETE |
| テキスト | "UiPath Studio" |
| 表示名 | 文字を入力：商品名 |

■表15.7　［文字を入力］アクティビティのプロパティ設定

❽ ［文字を入力：商品名］アクティビティの下に、［クリック］アクティビティを配置します。「ブラウザー内で要素を指定」から「送信」を指定し、以下のプロパティを設定します（表15.8）。

| プロパティ名 | 設定値 |
|---|---|
| クリックをシミュレート | True |
| 準備完了まで待機 | COMPLETE |
| 表示名 | クリック：送信ボタン |

■**表15.8** ［クリック］アクティビティのプロパティ設定

　以上でワークフローの作成は完了です。ここまでのワークフローは以下のようになっています（図15.4）。

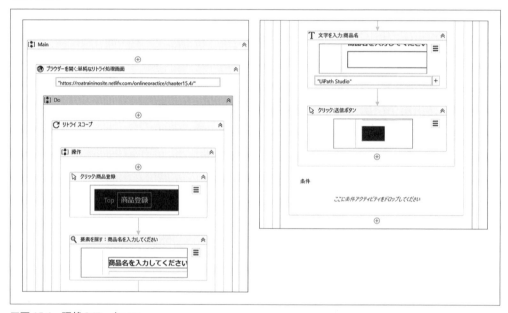

■**図15.4** 現状のワークフロー

　ワークフローを実行してみましょう。このウェブアプリでは、商品名の入力欄が表示される確率が20%となっているので、リトライせずに表示された方もいれば、10回リトライでも表示されずエラーになった方もいると思います。「商品名が表示されるまで、指定された回数リトライ処理を行うこと」を確認してください。

　今回、［リトライスコープ］の条件フィールドは使用していません。代わりに、［要素を探す］アクティビティを配置して、指定した要素が見つからなかった場合にエラーが発生することを利用してリトライ処理を行っています。

　このようにリトライする前に特定の処理を行う必要がない単純なリトライ処理であれば、リトライ対象の処理をリトライスコープで囲むだけで構築することができます。

## 15.5 リトライする前に特定の処理を行う方法

本節では、リトライする前に「ポップアップメッセージを閉じる処理」や「ブラウザーを閉じる処理」などを追加する方法について説明します。

### 15.5-1 自動化対象処理の説明

❶ 以下の URL に Google Chrome でアクセスし、「Chapter14.5. トライキャッチで例外処理 .zip」をダウンロードしてください。Chapter14 で作成したものと同じ状態のプロジェクトですので、ご自身で作成されたプロジェクトをご使用いただいてもかまいません。

https://rpatrainingsite.com/downloads/answer/

❷ ダウンロードした zip ファイルを解凍し、解凍したフォルダ内の project.json ファイルを指定して、UiPath Studio でプロジェクトを開いてください。

❸ 本節では「RPA トレーニングアプリ」を使用するので、RPA トレーニングアプリを起動し、経費一覧画面を表示します。

❹ 画面上部の「エラー制御訓練モード」アイコンをクリックし、エラー制御訓練モードを ON にしてください（図 15.5）。

**■図 15.5 エラー制御訓練モードを ON にする**

❺ アプリをログアウトし、ログイン画面が表示された状態でワークフローを実行してみましょう。

［登録］ボタンを押した際、まれにアプリ側でエラーポップアップが表示されます。そのまま30 秒経過すると UiPath 側でエラーが発生し、異常終了します（図 15.6）。

**■図 15.6 エラーポップアップ**

> **注** 確率でエラーが発生するため、通常通り成功してしまった方は再度実行してみてください。

アプリ側のエラーポップアップで「OK」ボタンをクリックすると、エラーのポップアップが閉じられ、元の画面はそのままの状態です。もう一度「登録」ボタンをクリックすると、今度は登録に成功しました（図15.7）。

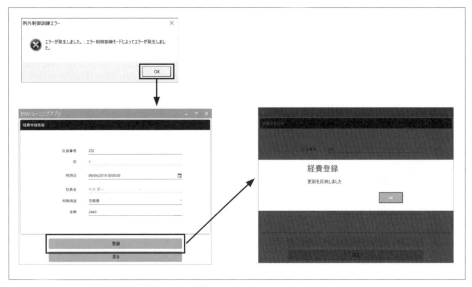

■図15.7 エラーから登録を成功させる手順

再度実行することで正常終了するのであれば、リトライ処理で自動再実行するようにしてみましょう。その際、リトライを行う前にエラーポップアップを閉じる操作を追加する処理を本節で学びましょう。

### 15.5-2 単純なリトライ処理の追加

❶ ［クリック：登録ボタン］の上に、［リトライスコープ］アクティビティを配置し、以下のプロパティを設定します（表15.9）。

| プロパティ名 | 設定値 |
|---|---|
| リトライの回数 | 10 |
| リトライの間隔 | 00:00:01 |

■表15.9 ［リトライスコープ］アクティビティのプロパティ

❷ ［クリック：登録ボタン］、［クリック：登録OKボタン］アクティビティを、［リトライスコープ］アクティビティの［操作］内部に移動します（図15.8）。

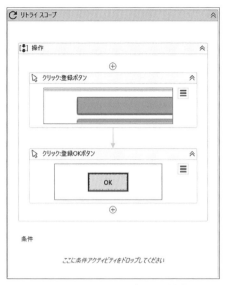

■図 15.8　2 つのアクティビティを移動させる

❸［クリック：登録 OK ボタン］アクティビティの［タイムアウト（ミリ秒）］プロパティを「3000」
に変更します。

⚠注　エラー発生時の待ち時間を減らすためです。

### 15.5-3　リトライ前処理の追加

❶［リトライスコープ］アクティビティの［操作］シーケンスを右クリックし、表示されるメ
ニューから「トライキャッチを使用して囲む（CTRL+T）」を選択します。

❷ Catches フィールドにシステム例外の制御処理を追加します。Catches フィールドで、「新し
い catch の追加」＞「System.Exception」を選択します。

❸「System.Exception」フィールド内部に［メッセージをログ］アクティビティを配置し、以下
のプロパティを設定します（図 15.9、表 15.10）。

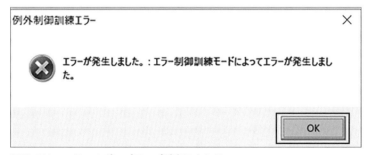

■図 15.9　エラーのポップアップが表示される

| プロパティ名 | 設定値 |
|---|---|
| 表示名 | メッセージをログ：登録エラー |
| レベル | Warn |
| メッセージ | "社員番号:" + row("社員番号").ToString + "の登録処理でエラーが発生しました。詳細:"+ exception.Message + "リトライします。" |

■表 15.10　［メッセージをログ］アクティビティのプロパティ設定

❹［クリック］アクティビティを［メッセージをログ］アクティビティの下に配置し、「ウィンドウ内で要素を指定」リンクを選択し、「例外制御訓練エラー」ダイアログの「OK」ボタンを選択します。続いて以下のプロパティを設定します（表 15.11）。

| プロパティ名 | 設定値 |
|---|---|
| クリックをシミュレート | True |
| 準備完了まで待機 | COMPLETE |
| 表示名 | クリック：例外制御訓練エラー OK ボタン |

■表 15.11　［クリック］アクティビティのプロパティ設定

❺［再スロー］アクティビティを［クリック：例外制御訓練エラー OK ボタン］アクティビティの下に配置します。

> **注**　［トライキャッチ］アクティビティでは Catches フィールド内で［再スロー］アクティビティを配置しない限り、エラーは処理されたものとして扱われ、次の処理に進んでしまいます。結果リトライ処理も行われないまま進んでしまうので、リトライ処理内でトライキャッチを使用する場合は、［再スロー］アクティビティを配置することを忘れないようにしましょう。

ここまででワークフローは以下のようになっているはずです（図 15.10）。

■図 15.10　現状のワークフロー

それでは RPA トレーニングアプリをログアウトし、ログイン画面を表示した状態で、ワークフローを実行してみましょう。

　表示されたエラーポップアップを処理した後、リトライ処理がされることを確認してください。例外制御訓練エラーが発生しなくても、何度かワークフローを実行することで、エラーが発生するはずです。

　リトライ処理において、［操作］フィールドに「リトライしたい処理」を配置しますが、リトライ前になにか処理を行いたい場合は、［トライキャッチ］アクティビティを組み合わせることで、リトライする前に特定の処理を行うことができます。

# Chapter 16

# 外部設定ファイルを
# 活用しよう

本章は 3 つの節で構成されています。

| 節 | 内容 |
|------|------|
| 16.1 | ワークフローの保守性と設定ファイル |
| 16.2 | 設定ファイルを作成してみよう |
| 16.3 | 設定ファイルを呼び出してみよう |

　ワークフローを構築する際には、運用における負荷を減らすため、保守性の高いワークフローを考える必要があります。保守性を高めるテクニックのうち、本章では設定ファイルの活用方法を学びましょう。

　本章をお読みいただくことで、業務上の軽微な変更が発生した際に、ワークフロー自体に修正を行うことなく、設定ファイルの更新で対応できるようになります。

## 16.1　ワークフローの保守性と設定ファイル

　Chapter4 では経費申請業務の自動化ワークフローの基礎的な部分を構築しました。RPA トレーニングアプリにログインする際の ID やパスワード、経費一覧ファイルの保存場所やファイル名などは、全てワークフロー内部で、文字列で設定していました。このまま作成したワークフローをパッケージ化し、運用を開始した場合を考えてみましょう。

　運用中、仮にパスワードや経費一覧ファイルの保存場所を変更する必要が出てきた場合、どうなるのでしょうか。ワークフロー内部でパスワードや経費一覧ファイルの保存場所を管理していると、変更のたびにワークフローを修正し、再度パッケージ化する必要があります。

　1 年に 1 回修正が入る程度であればまだ影響は少ないですが、月に 1 回、2 週間に 1 回変更が入るような場合、メンテナンスが大変です。また何度も修正を行う中で、修正箇所を間違えてしまうと、不具合が発生する可能性もあります。一度テストや動作確認を完了したワークフローに修正を加えるのは、最小限にすべきです。

　そこで、保守性を向上するために推奨されるのが設定ファイルの活用です。変更の可能性がある項目をワークフロー外部の設定ファイルで管理することで、パスワードや経費一覧ファイルの保存場所などが変更になった場合も、ワークフロー自体に修正を行うことなく、設定ファイルを修正すれば対応できるようになります。

## 16.2 設定ファイルを作成してみよう

Excel で設定ファイルを作成してみましょう。

❶ Excel アプリケーションを立ち上げ、シート名を「設定」にし、A1 セルに「設定項目」、B1 セルには「設定値」と入力します。

❷ 以下の設定情報を A2 セル以降に入力します（表 16.1）。

| 設定項目 | 設定値 |
|---|---|
| ID | guest |
| Password | guest |
| 経費一覧ファイル名 | 経費申請データ .xlsx |
| 経費一覧ファイル保存フォルダ | "{ 任意の場所 }" |

■表 16.1　設定情報の入力

> 注　「経費一覧ファイル保存フォルダ」は読者ご自身の環境に合わせて設定してください。例えば著者環境では、以下の場所を設定しています。C:¥Users¥{UserName}¥Documents¥UiPath 経費申請 ¥ 経費一覧 ¥

ここまでで以下のようになっているはずです（図 16.1）。

| | A | B |
|---|---|---|
| 1 | 設定項目 | 設定値 |
| 2 | ID | guest |
| 3 | Password | guest |
| 4 | 経費一覧ファイル名 | 経費申請データ.xlsx |
| 5 | 経費一覧ファイル保存フォルダ | C:¥Users¥〰〰〰〰¥Documents¥UiPath経費申請¥経費一覧¥ |

■図 16.1　設定情報を入力した結果

> 注　パスワードを Excel で管理するのはセキュリティポリシーに違反する方もいらっしゃるかと思います。UiPath におけるパスワード管理について本書では扱いませんが、「UiPath Orchestrator の Asset を利用する方法」、「Windows 資格情報マネージャを利用する方法」などもありますので、上記キーワードで Web 検索をしてみてください。

❸ 「設定ファイル .xlsx」という名前を付けて任意の場所に保存してください。著者環境では、以下の場所に保存しました。C:¥Users¥{UserName}¥Documents¥UiPath 経費申請 ¥ 設定ファイル ¥

## 16.3 設定ファイルを呼び出してみよう

### 16.3-1 事前準備

❶ 以下の URL に Google Chrome でアクセスし、「Chapter15.5. リトライする前に特定の処理を行う .zip」をダウンロードしてください。Chapter15.5 で作成したものと同じ状態のプロジェクトです。ご自身で作成されたプロジェクトをご使用いただいてもかまいません。

https://rpatrainingsite.com/downloads/answer/

❷ ダウンロードした zip ファイルを解凍し、解凍したフォルダ内の project.json ファイルを指定し、UiPath Studio でプロジェクトを開いてください。

❸ 以下の URL にアクセスし、「Chapter16_ 経費申請データ .xlsx」をダウンロードし、設定ファイルの「経費一覧ファイル保存フォルダ」に記載したフォルダに配置してください。

https://rpatrainingsite.com/downloads/

### 16.3-2 設定ファイルの読み込みと Dictionary 変数

設定ファイル読み込み処理は、以下の 3 ステップから構成されます。

1. 設定ファイルの存在確認

2. 設定ファイルを読み込み、DataTable 変数に設定

3. DataTable 変数から Dictionary 変数に設定

これまで、Excel から読み込んだ表データは DataTable 変数に設定し利用していました。今回は、設定ファイルの読み込みに Dictionary 型の変数を利用します。Dictionary 型については後ほど説明します。

まずはワークフローの起動後の初期処理として、設定情報を読み込む処理を追加します。

❶ Main ワークフローを開き、[シーケンス] アクティビティを [ログイン～経費申請画面遷移処理] シーケンスの前に配置し、アクティビティ名を「設定情報読込処理」に変更します（図 16.2）。

■図 16.2 ［シーケンス］アクティビティを配置する

❷ 変数パネルで、String 型文字列「configFilePath」を作成します。スコープは「設定情報読込処理」とします。

❸ ［設定情報読込処理］シーケンスを展開し、中に［代入］アクティビティを配置し、以下のプロパティを設定します（表 16.2）。

| プロパティ名 | 設定値 |
| --- | --- |
| 左辺値 | configFilePath |
| 右辺値 | "{ 任意の場所 }" |
| 表示名 | 代入：設定ファイルパス |

■表 16.2 ［代入］アクティビティのプロパティ設定

### 1. 設定ファイルの存在確認

　指定された設定ファイルが存在するか確認し、存在しなければビジネス例外を発生させる処理を追加します。

❶ ［シーケンス］アクティビティを［代入：設定ファイルパス］アクティビティの下に配置し、アクティビティ名を「設定ファイルの存在確認」に変更します。

❷ ［パスの有無を確認］アクティビティを［設定ファイルの存在確認］シーケンスの中に配置し、以下のプロパティを設定します（表 16.3）。

| プロパティ名 | 設定値 |
| --- | --- |
| パスの種類 | File |
| パス | configFilePath |
| 表示名 | パスの有無を確認：設定ファイル |
| 要素の有無 | 「isConfigFileExist」という Boolean 型変数を作成 |

■表 16.3 ［パスの有無を確認］アクティビティのプロパティ設定

> 注　［パスの有無を確認］アクティビティは指定されたファイルもしくはフォルダが存在するかどうか確認し、結果を Boolean 型で返すアクティビティです。

❸ ［条件分岐］アクティビティを［パスの有無を確認：設定ファイル］アクティビティの下に配置し、以下のプロパティを設定します（表 16.4）。

| プロパティ名 | 設定値 |
| --- | --- |
| 条件 | isConfigFileExist = False |
| 表示名 | 条件分岐：設定ファイル有無 |

■表 16.4 ［条件分岐］アクティビティのプロパティ設定

> 注　「isConfigFileExist = False」という条件により、設定ファイルが存在しない場合、「Then」側が呼び出されます。

❹「Then」内部に、［スロー］アクティビティを配置し、以下のプロパティを設定します（表16.5）。

| プロパティ名 | 設定値 |
| --- | --- |
| 例外 | New BusinessRuleException（" 設定ファイルが存在しません。ファイルパス：" + configFilePath） |
| 表示名 | スロー：設定ファイル存在チェックエラー |
| 表示名 | 代入：設定ファイルパス |

■表 16.5　［スロー］アクティビティのプロパティ設定

ここまででワークフローは以下のようになります（図 16.3）。

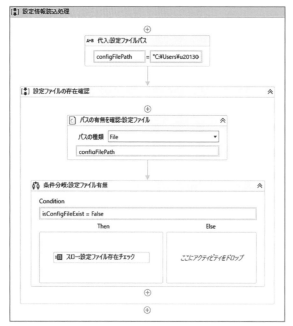

■図 16.3　［スロー］アクティビティ配置後のワークフロー

## 2. 設定ファイルを読み込み DataTable 変数に設定

　続いて Excel から表データを読み込み、「configDT」という DataTable 変数に設定する処理を追加します。

❶［設定ファイルの存在確認］シーケンスの下に［シーケンス］アクティビティを配置し、アクティビティ名を「設定ファイルを読み込み」に変更します。

❷［Excel アプリケーションスコープ］アクティビティを［設定ファイルを読み込み］シーケンスの中に配置し、以下のプロパティを設定します（表 16.6）。

| プロパティ名 | 設定値 |
|---|---|
| プロパティ名 | 設定値 |
| 可視 | False |
| 新しいファイルの作成 | False |
| 自動保存 | False |
| 読み込み専用 | True |
| ブックのパス | ConfigFilePath |
| 表示名 | Excel アプリケーション スコープ：設定ファイル |

■表 16.6　［Excel アプリケーションスコープ］アクティビティのプロパティ設定

❸ ［Excel アプリケーションスコープ：設定ファイル］アクティビティ「実行」内部に［範囲を読み込み］アクティビティを配置し、以下のプロパティを設定します（表16.7）。

| プロパティ名 | 設定値 |
|---|---|
| ヘッダーの追加 | True |
| シート名 | " 設定 " |
| 範囲 | "" |
| データテーブル | 「configDT」という DataTable 変数を作成し設定 |
| 表示名 | Excel アプリケーションスコープ：設定ファイル |

■表 16.7　［範囲を読み込み］アクティビティのプロパティ設定

❹ 変数パネルを開き、「configDT」変数のスコープを「設定情報読込処理」に変更します。

### 3. DataTable 変数から Dictionary 変数に設定

　ここではまず Dictionary 型について説明します。

　Dictionary 型とは、Key（項目名）と Value（設定値）の組み合わせから構成される配列データを指します。

　例えば、Key を果物名、Value を値段と定義することで、以下の Dictionary 変数を作成することができます（表16.8）。

| Key | Value |
|---|---|
| リンゴ | 120 |
| ぶどう | 310 |
| オレンジ | 150 |

■表 16.8　Dictionary 変数の設定例

Key を社員番号、Value を社員名とすると、以下のように定義できます（表16.9）。

| Key | Value |
|-----|-------|
| 1 | 小菅 章治郎 |
| 2 | 永松 覚 |
| 3 | 金谷 美枝子 |

■表 16.9　Dictionary 変数の別の設定例

リンゴの値段を取得したいときには、以下のように指定することで取り出せます。

Dictionary 型変数.Item（"リンゴ"）

しかし、DataTable 型から同じようにリンゴの値段を取り出すことは簡単にできません。Dictionary 変数を使用することで、設定ファイルから取得したデータの活用を楽に行えるのです。

● Dictionary 変数の作成

まずは Dictionary 変数の作成方法から見ていきます。

❶ 変数パネルを開き、「configDictionary」という変数を作成します。「変数の型」から「型の参照」を選択し、型選択ダイアログにて、型の名前：「Dictionary<」と入力します。Key と Value それぞれの型を指定する欄がありますが、両方とも「String」を指定し、「OK」ボタンをクリックします（図16.4）。

■図 16.4　Dictionary 変数を作成する

❷「configDictionary」変数のスコープを「フローチャート」に変更します。

❸ Dictionary 型変数は、最初に初期化を行う必要があります。「configDictionary」変数の既定値に以下を設定します。

New Dictionary（of String, String）

● Dictionary 変数への設定

「configDT」変数を一行ずつ取り出し、Dictionary 変数への設定を行いましょう。

❶［シーケンス］アクティビティを［設定ファイルを読み込み］アクティビティの下に配置し、アクティビティ名を「configDictionary への設定」に変更します。

❷［configDictionary への設定］アクティビティの中に［繰り返し（各行）］アクティビティを配置し、［コレクション］に「configDT」を設定します。

❸［繰り返し（各行）］アクティビティ「Body」内部に［代入］アクティビティを配置し、以下のプロパティを設定します（表 16.10）。

| プロパティ名 | 設定値 |
|---|---|
| 左辺値 | configDictionary（row（" 設定項目 "）.ToString) |
| 右辺値 | row（" 設定値 "）.ToString |

■表 16.10　[代入] アクティビティのプロパティ設定

> **注** Dictionary 変数に値を追加するには、以下のように設定します。
> Dictionary（キー名）= 設定値
> つまり、Excel の「設定項目」列をキー名に、「設定値」列を Value に設定するには、以下のように指定します。
> configDictionary（row（" 設定項目 "）.ToString) = row（" 設定値 "）.ToString

　以上で Dictionary 変数への値の設定は完了です。ここまででワークフローは以下のようになります（図 16.5）。

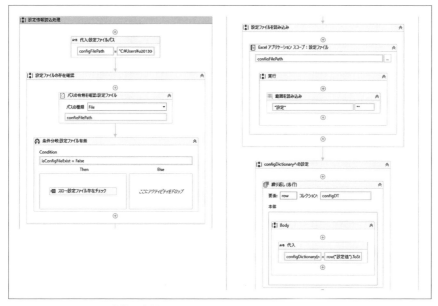

■図 16.5　Dictionary 変数設定後のワークフロー

### 16.3-3 読み込んだ設定情報を利用する

本節では、Dictionary 変数に設定した設定情報を活用する方法を学びます。

ID、パスワードや、Excel ファイルの場所を「configDictionary」変数の設定値を使って書き換えましょう。

❶［ログイン～経費申請画面遷移処理］シーケンスを展開し、［文字を入力：ユーザー ID］アクティビティの［テキスト］プロパティを以下に修正します。

configDictionary.Item（"ID"）

❷［文字を入力：パスワード］アクティビティの［テキスト］プロパティを以下に修正します。

configDictionary.Item（"Password"）

❸［経費申請 Excel の読み込み］アクティビティの［ブックのパス］プロパティを以下に修正します。

configDictionary.Item（" 経費一覧ファイル保存フォルダ "）&

configDictionary.Item（" 経費一覧ファイル名 "）

❹［経費申請 Excel への書き込み］アクティビティの［ブックのパス］プロパティを以下に修正します。

configDictionary.Item（" 経費一覧ファイル保存フォルダ "）&

configDictionary.Item（" 経費一覧ファイル名 "）

以上で終了です。ここまでで修正箇所のワークフローは以下のようになります（図 16.6）。

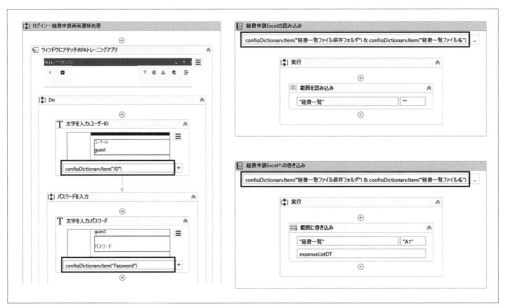

■図 16.6 修正箇所のワークフロー

RPA トレーニングアプリを起動し、ワークフローを実行してみましょう。10 件正常に登録できれば成功です。

　動作としてはこれまでと変わりがないですが、設定ファイルから読み込んだ設定値を使うようにしたことで、今後 ID やパスワード、ファイルの保存場所が変わった場合は、ワークフローを修正しなくても設定ファイルを修正するだけでよくなり、ワークフローの保守性を高めることができます。

# Chapter 17

# 機能ごとに xaml ファイルを分割しよう

本章は2つの節で構成されています。

| 節 | 内容 |
|------|------|
| 17.1 | ワークフローの保守性とファイル分割 |
| 17.2 | ワークフローを分割してみよう |

UiPath では、ワークフローのメンテナンス性や可読性、開発効率の向上のため、処理ごとにワークフローファイルを分割することを推奨しています。

本章ではワークフローを分割するメリットや分割方法、分割時に検討すべきポイントをご説明します。

本章をお読みいただくことで、ワークフローを適切に分割できるようになり、ワークフローの保守性を向上させることができます。

## 17.1 ワークフローの保守性とファイル分割

これまではワークフローを分割することなく、「メイン」ワークフローに全ての処理を定義してきました。特に不自由なく進めてこられたと思いますが、ワークフローを分割することでどのようなメリットがあるのでしょうか。ワークフローを分割することで得られる3つのメリットをご紹介します。

### 17.1-1 メンテナンス性の向上

1つ目がメンテナンス性の向上です。

ワークフローを分割しない場合、「メイン」ワークフローファイルのどこかでエラーが発生したという情報から、エラー箇所、原因の調査を始める必要があります。

ワークフローを分割していれば、「ログイン処理」ワークフローファイルでエラーが発生したという情報から、原因調査をログイン機能周りに絞ることができます。

またワークフローの修正が必要になった場合にも、機能ごとにワークフローが分割されていることで修正範囲が限定され、メンテナンスがしやすくなります。

テストに関しても同様で、「メイン」ワークフローに全ての処理が定義されている場合、「ログイン処理」だけのテストを行うことは困難です。一方、ワークフローが分割されているのであれ

ば、「ログイン処理」に限定したテストを行うことができるため、テスト効率が向上します。

## 17.1-2　可読性の向上

2つ目が可読性の向上です。

経費申請業務の自動化ワークフローでは、設定ファイル読み込み処理や、ログイン処理、経費登録処理やExcel書き込み処理など、いろいろな処理を1つのワークフローファイルで行っています。結果、ワークフローは長く、大きくなってしまい、見通しが悪くなります。

例えば「ログイン処理」をメインワークフローから分割し、別ファイルにすることで、「ログイン処理のみが定義されているワークフロー」となるとワークフローは必要以上に大きくならず、処理を把握しやすくなります。

同様に、ワークフローの階層の深さについても注意する必要があります。例えばシーケンス内にシーケンスがあり、その中にフローチャートがあり、またシーケンスがあり、と階層が深くなればなるほどに見通しは悪くなり、理解が難しくなります。このような場合でも、ファイル分割を行うことで、ワークフローの階層が深くならないようにすることが推奨されます。

## 17.1-3　開発効率（再利用性）の向上

3つ目は開発効率の向上です。例えば「設定ファイルの読込処理」は、経費申請以外の他の業務でも共通的に利用することができます。こうした場合に「設定ファイルの読込処理」を1つのワークフローファイルとして独立させておくことで、別のプロジェクトに「設定ファイルの読込処理」ワークフローファイルをコピーして利用することができ、開発効率が向上します。

このように、ワークフローを分割することでワークフローの保守性を高めることができます。

## 17.2　ワークフローを分割してみよう

本節では、これまでも扱ってきた経費申請業務を題材にワークフローの分割を実践します。
「設定情報読込処理」「ログイン～経費申請画面遷移処理」「経費登録処理」の3箇所を分割します。

## 17.2-1　事前準備

❶ 以下のURLにGoogle Chromeでアクセスし、「Chapter16.3. 外部設定ファイルを活用しよう.zip」をダウンロードしてください。Chapter16で作成したものと同じ状態のプロジェクトなので、ご自身で作成されたプロジェクトをご使用いただいてもかまいません。

https://rpatrainingsite.com/downloads/answer/

❷ ダウンロードしたzipファイルを解凍し、解凍したフォルダ内のproject.jsonファイルを指定して、UiPath Studioでプロジェクトを開いてください。

❸ メインワークフローを開いてください。

## 17.2-2 「設定情報読込処理」の分割

❶ ［設定情報読込処理］アクティビティを右クリックし、「ワークフローとして抽出」を選択します（図17.1）。

■図17.1　アクティビティをワークフローとして抽出する

❷ 「新規ワークフロー」作成ダイアログが表示されるので、「設定情報読込処理」という名前で「作成」ボタンをクリックします（図17.2）。

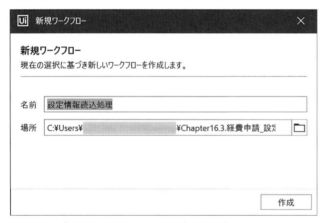

■図17.2　「新規ワークフロー」作成ダイアログ

　プロジェクトパネルを開くと、「Main.xaml」（メインワークフロー）のほかに、「設定情報読込処理.xaml」というワークフローファイルが作成されています。また、デザイナーパネルには「Main」というタブのほかに「設定情報読込処理」というタブが表示されており、タブを切り替えることで編集するワークフローファイルを切り替えることができます（図17.3）。

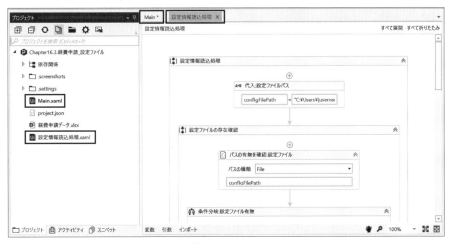

■図 17.3　ワークフローファイルの切り替え

❸ デザイナーパネルのタブ表示を「Main」に切り替えると、先ほど「設定情報読込処理」シーケンスだったところが、「Invoke 設定情報読込処理 workflow」という表示名の［ワークフローファイルを呼び出し］アクティビティに置き換わっています（図 17.4）。

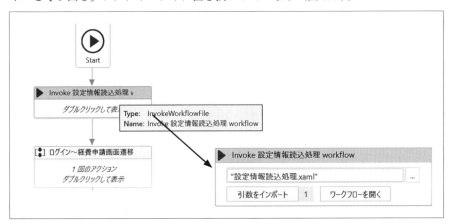

■図 17.4　アクティビティが置き換わっている

このようにして、すでに作成した処理の塊を別のワークフローにファイル分割することができます。

> 注　あらかじめワークフローを分割した形で新規にワークフローを作成したい場合は、「デザイン」リボンの「新規」アイコンから、「シーケンス」ワークフローファイルや、「フローチャート」ワークフローファイルを作成し、「メインワークフロー」などに手動で［ワークフローファイルを呼び出し］アクティビティを配置し、別のワークフローファイルを呼び出すことも可能です。

さて、分割された「設定情報読込処理」では、指定された Excel の設定ファイルから設定情報を読み込み、「Dictionary」変数に格納する処理を行っていました。

メインワークフローでは、「設定情報読込処理」ワークフローで取得した設定情報データを使って、後続の処理を行っていきたいわけですが、変数は、ワークフローファイルをまたいで共有することができません。

**ワークフローファイルをまたいでデータを共有する仕組みとして「引数（ひきすう）」という**ものがあります。

以下は分割前の「Main」の変数パネルと、分割後の「設定情報読込処理」の変数パネル、引数パネルの比較です（図 17.5）。

■図 17.5　変数と引数

分割前のスコープが「設定情報読込処理」だった変数は、「設定情報読込処理」の変数パネルに移動しています。分割前のスコープが「フローチャート」だった「configDictionary」変数は引数に移動しています。「expenseListDT」は移動していません。

この結果を整理すると、「**分割されたワークフロー内でのみ使用するデータは変数として登録される**」、「**分割されたワークフロー以外でも使用するデータは引数として登録される**」、「**分割されたワークフローで使用していないデータは登録されない**」ということです。

ここで引数の［方向］について説明します。引数パネルで、［方向］をクリックすると、プルダウンで「入力」「出力」「入力 / 出力」「プロパティ」のいずれかを選択できるようになってい

ます。これは呼び出されるワークフローから見て、データが入ってくる場合は「入力」を指定します。呼び出し元にデータを返す場合は「出力」を指定します。入ってきたデータを加工して返す場合は「入力 / 出力」を指定します。

> **注** プルダウンの選択肢にある「プロパティ」は基本的には使用しません。

今回「configDictionary」引数の［方向］プロパティは、「出力」となっています。

呼び出されるワークフローである「設定情報読込処理」から見て、「メイン」ワークフローに返す「設定情報データ」は「出力」となります。

引数の命名規則について、変数と区別でき、かつ［方向］がわかるようにすることで、可読性が向上します。例えば、以下などが挙げられます（表 17.1）。

| 方向 | 命名規則 |
| --- | --- |
| 入力 | in_ ○○（引数名） |
| 出力 | out_ ○○（引数名） |
| 入力 / 出力 | io_ ○○（引数名） |

■表 17.1　引数の命名規則例

> **注** 会社や組織によって、変数や引数の命名規則を定めている場合はそちらに従ってください。

それでは「configDictionary」引数の引数名を変更しましょう。

❶ 引数パネルを開き、「configDictionary」引数の引数名を、「out_configDictionary」に変更してください。

> **注** 変数名や引数名を修正した際、同一ワークフロー内で変数や引数を使用している箇所は自動的に変更後の名称に更新されるので、対象となる箇所の変更は不要です。まれに更新がされない場合もあり、その場合は、エラー発生箇所を確認するようにしてください。

❷ Dictionary 型は、最初に初期化を行う必要があります。［設定情報読込処理］ワークフローの［configDictionary への設定］シーケンス内先頭に、［代入］アクティビティを配置し、アクティビティ名を「代入 :Dictionary 初期化」に変更し、以下のプロパティを設定します（表 17.2）。

| プロパティ名 | 設定値 |
| --- | --- |
| 左辺値 | out_configDictionary |
| 右辺値 | New Dictionary（of String, String） |
| 入力 / 出力 | io_ ○○（引数名） |

■表 17.2　［代入］アクティビティのプロパティ設定

ここで、「設定情報読込処理」の引数の見直しを行いたいと思います。

「設定情報読込処理」を端的に説明すると、「Excel 設定ファイルパス」と「シート名」を指定して、Excel の項目列と値列を「Dictionary データ」として返却するワークフローであるといえます。

現在、「Excel 設定ファイルパス」や「シート名」といった情報は、「設定情報読込処理」ワークフロー内で固定の文字として設定していますが、これらの情報を呼び出し元（本例ではメインワークフロー）から入力できるようにすれば、他の自動化プロジェクトにおいても、ワークフローを修正せずに汎用的に使える「**共通部品**」になるわけです。

呼び出し元から「Excel 設定ファイルパス」や「シート名」といった情報を受け取るために、［入力］方向の引数を作成しますが、ここではすでに存在する変数を引数に変換する処理を行います。

❶「設定情報読込処理」ワークフローで変数パネルを開き、「configFilePath」を右クリックし、「引数に変換」をクリックします。変数パネルにあった「configFilePath」が引数パネルに移動されます。引数パネルで、引数名を「in_configFilePath」に変更します（図 17.6）。

| 名前 | | 変数の型 | スコープ | 既定値 |
|---|---|---|---|---|
| configFilePath | | String | 設定情報読込処理 | VB の式を入力してください |
| isConfigFileExist | 🗐 引数に変換 | Boolean | 設定情報読込処理 | VB の式を入力してください |
| configDT | 📋 コピー | DataTable | 設定情報読込処理 | VB の式を入力してください |
| 変数の作成 | 📑 貼り付け | | | |
| | ✕ 削除(D) | | | |
| | 注釈の追加(A) | | | |
| 変数　引数　インポート | 注釈の編集(E) | | ✋ 🔎 100% ∨ 🗗 🗖 |

■図 17.6　引数名を変更する

❷ configFilePath を引数に変換したことにより、ワークフロー先頭で行っていた設定ファイルパスの設定が不要になるため、［代入：設定ファイルパス］アクティビティを削除します（図17.7）。

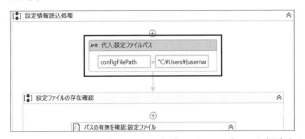

■図 17.7　［代入：設定ファイルパス］アクティビティを削除する

続いて、「シート名」にあたる引数を作成します。

❸ 引数パネルを開き、「引数の作成」をクリックし、「in_configSheetName」という String 型の引数を作成します。方向は［入力］とします。

❹「設定情報読込処理」ワークフロー内［範囲を読み込み］アクティビティの［シート名］プロパティを「" 設定 "」から「in_configSheetName」に変更します。

以上で「設定情報読込処理」ワークフロー側の修正は完了です。ワークフローや変数・引数パネルは以下のようになります（図 17.8）。

| 名前 | 変数の型 | スコープ | 既定値 |
|---|---|---|---|
| isConfigFileExist | Boolean | 設定情報読込処理 | *VB の式を入力してください* |
| configDT | DataTable | 設定情報読込処理 | *VB の式を入力してください* |
| *変数の作成* | | | |

変数　引数　インポート

| 名前 | 方向 | 引数の型 | 既定値 |
|---|---|---|---|
| out_configDictionary | 出力 | Dictionary<String,S | *既定値はサポートされていません* |
| in_configFilePath | 入力 | String | *VB の式を入力してください* |
| in_configSheetName | 入力 | String | *VB の式を入力してください* |
| *引数の作成* | | | |

変数　引数　インポート

■図17.8　ワークフローと変数・引数パネル

続いて、［ワークフローファイルを呼び出し］アクティビティの設定を行います。

❺ デザイナーパネルで「Main」ワークフローを表示し、「Invoke 設定情報読込処理 workflow」を展開します。

「引数をインポート」の右にある数字に色が付いています。これは呼び出し先の引数設定が更新されており、引数情報の更新（インポート）が必要であることを示しています（図17.9）。

■図17.9 引数情報の更新（インポート）について

❻「引数をインポート」ボタンをクリックすると、「呼び出されたワークフローの引数」ダイアログが表示されます。「in_configFilePath」引数に渡す設定ファイルパス、「in_configSheetName」引数に渡すシート名をそれぞれ入力し、「OK」ボタンをクリックします（図17.10）。

| 呼び出されたワークフローの引数 | | | ? × |
| --- | --- | --- | --- |
| 名前 | 方向 | 型 | 値 |
| out_configDictionary | 出力 | Dictionary<String,String> | configDictionary |
| in_configFilePath | 入力 | String | "C:¥Users¥　　　　　¥Documents¥ |
| in_configSheetName | 入力 | String | "設定" |
| | | | OK　キャンセル |

■図17.10 「呼び出されたワークフローの引数」ダイアログ

以上で「設定情報読込処理」を別ワークフローに分割し、さらに他のプロジェクトでも利用できるように汎用的な共通部品とする修正は完了です。

### 17.2-3 「ログイン～経費申請画面遷移処理」の分割

❶「Main」ワークフローを開き、[ログイン～経費申請画面遷移処理] アクティビティを右クリックし、「ワークフローとして抽出」を選択します。

❷「新規ワークフロー」作成ダイアログが表示されるので、「ログイン～経費申請画面遷移処理」という名前で「作成」ボタンをクリックします。

「ログイン～経費申請画面遷移処理」ワークフローファイルが作成されます。引数パネルを確認すると、「configDictionary」引数が作成されています。

「configDictionary」引数のままでも問題ないのですが、「ログイン～経費申請画面遷移処理」で必要なデータは「ID」と「Password」のみです。

共通部品として他のプロジェクトでも再利用しやすくするためには、「configDictionary」引数だと何を設定すればいいかわかりませんが、引数が「ID」と「Password」であれば把握しやすくなります。また「ログイン～経費申請画面遷移処理」ワークフローのテストを行う際にも、引数が「ID」と「Password」であればテストがしやすくなります。

引数に Dictionary や DataTable などの複数のデータを保持するデータ型を指定している場合、必要なデータのみ引数に設定することでメンテナンス性や可読性が向上します。

　それでは引数の修正を行いましょう。

❸ 引数パネルで「configDictionary」引数を削除し、以下の引数を作成します（表17.3）。

| 引数名 | 方向 | 引数の型 |
|---|---|---|
| in_id | 入力 | string |
| in_password | 入力 | string |

■表 17.3　作成する引数

❹ デザイナーパネルで、［文字を入力：ユーザー ID］アクティビティの［テキスト］プロパティを「in_id」に変更します。

❺ ［文字を入力：パスワード］アクティビティの［テキスト］プロパティを「in_password」に変更します。

　続いて、［ワークフローファイルを呼び出し］アクティビティの設定を行います。

❻ デザイナーパネルで「Main」ワークフローを表示し、「Invoke ログイン～経費申請画面遷移処理 workflow」を展開します。

❼ 「引数をインポート」ボタンをクリックし、以下の設定を行います（表17.4）。

| 引数名 | 設定値 |
|---|---|
| in_id | configDictionary.Item（"ID"） |
| in_password | configDictionary.Item（"Password"） |

■表 17.4　「引数をインポート」から設定する

　以上で「ログイン～経費申請画面遷移処理」の分割は完了です。

 〔注〕本来は、ログイン処理と経費申請画面遷移処理も分割するほうがより良いですが、本書ではここまでとします。

## 17.2-4　「経費登録処理」の分割

　最後は、「経費登録処理」を分割しましょう。

❶ 「Main」ワークフローの［繰り返し（各行）：経費登録］アクティビティを展開します。［ウィンドウにアタッチ:RPA トレーニングアプリ］を右クリックし、［ワークフローとして抽出］を選択します。

❷ 「新規ワークフロー」作成ダイアログが表示されるので、「経費登録処理」という名前で「作成」ボタンをクリックします。

　「経費登録処理」ワークフローファイルが作成されます。引数パネルを確認すると、「row」引数が作成されています。この「row」引数も「社員番号」や「金額」などの引数に変更することでメンテナンス性や可読性が向上します。

❸ 引数パネルで「row」引数を削除し、以下の引数を作成します（表 17.5）。

| 引数名 | 方向 | 引数の型 |
|---|---|---|
| in_employeeNumber | 入力 | string |
| in_usecase | 入力 | string |
| in_useDate | 入力 | string |
| in_amount | 入力 | string |
| out_caseID | 出力 | Object |
| out_status | 出力 | Object |

■表 17.5 「経費登録処理」で作成する引数

❹ デザイナーパネルで、以下のアクティビティを修正します（表 17.6）。

| アクティビティ名 | プロパティ名 | 設定値 |
|---|---|---|
| 条件分岐：社員番号入力チェック | 条件 | in_employeeNumber = "" |
| 条件分岐：利用用途入力チェック | 条件 | in_usecase = "" |
| 条件分岐：利用日入力チェック | 条件 | in_useDate = "" |
| 条件分岐：金額入力チェック | 条件 | in_amount = "" |
| 文字を入力：社員番号 | テキスト | in_employeeNumber |
| 項目を選択：利用用途 | 項目 | in_usecase |
| 文字を入力：利用日 | テキスト | in_useDate |
| 文字を入力：金額 | テキスト | in_amount |
| メッセージをログ | メッセージ | " 社員番号："+ in_employeeNumber + " の登録処理でエラーが発生しました。詳細："+ exception.Message + " リトライします。" |
| 代入：申請 No. | 左辺値 | out_caseID |
| 代入：登録結果ステータス | 左辺値 | out_status |

■表 17.6 デザイナーパネルで修正するアクティビティ

　続いて、［ワークフローファイルを呼び出し］アクティビティの設定を行います。

❺ デザイナーパネルで「Main」ワークフローを表示し、「Invoke 経費登録処理 workflow」を展開します。

❻「引数をインポート」ボタンをクリックし、以下の設定を行います（表17.7）。

| 引数名 | 設定値 |
|---|---|
| in_employeeNumber | row（" 社員番号 "）.ToString |
| in_usecase | row（" 利用用途 "）.ToString |
| in_useDate | row（" 利用日 "）.ToString |
| in_amount | row（" 金額 "）.ToString |
| out_caseID | row（" 申請No."） |
| out_status | row（" 登録結果ステータス "） |

■表17.7　「引数をインポート」から設定する引数

　以上で「経費登録処理」の分割は完了です。RPAトレーニングアプリを起動した状態でワークフローを実行し、正常に10件の登録が完了すれば成功です。

　これまでは「経費登録」部分だけのテストなどはやりにくいワークフローだったのですが、「経費登録処理」ワークフローファイルに分割したことで、「経費登録処理」のみのテストを楽に行うことができるようになっています。

　引数パネルで引数の既定値にテストしたいデータを入力し、「経費登録処理」ワークフローを選択した状態で、［デザイン］パネルの［ファイルを実行］もしくは［ファイルをデバッグ］を先行すれば「経費登録処理」のみのテストを実行できます。

# Chapter 18

# 待機アクティビティを
# できる限り減らそう

本章は3つの節で構成されています。

| 節 | 内容 |
|------|------|
| 18.1 | ワークフローの安定性と待機アクティビティ |
| 18.2 | 待機アクティビティを代替するアクティビティ |
| 18.3 | 待機アクティビティを減らしてみよう |

　本章ではワークフローの安定性と［待機］アクティビティについて整理した後、［待機］アクティビティを代替するアクティビティについてご紹介します。

　本章をお読みいただくことで、ワークフローの安定性を向上させながら、ワークフローの処理時間を短縮する方法を学ぶことができます。

## 18.1　ワークフローの安定性と待機アクティビティ

　UiPathでは、タイミングによって画面操作が失敗してしまうような場合、［待機］アクティビティを配置することで数秒間待機し、タイミングを合わせて操作失敗を回避することができます。Chapter4でも［待機］アクティビティを配置して安定して動作するようになりました。

　ただし、［待機］アクティビティはどのような場合でも決まった秒数を待機するため、場合によってはワークフローの処理時間が非常に長くなってしまう場合があります。

　わずか数秒と思うかもしれませんが、例えば3秒間待機する［待機］アクティビティを入れた箇所が反復処理を行う場合、100件処理すると300秒も待ち時間があるわけです。

　別の例として、通常3秒程度で終わる処理があり、まれに30秒かかることもある場合、［待機］アクティビティでタイミングを合わせて安定性を高めるためには、常に30秒待機する設定にしないといけません。通常時は1処理あたり27秒も無駄に待機することになり、非常に非効率です。

　［待機］アクティビティはどうしてもうまくいかないときの最終手段として考え、これから紹介する［待機］アクティビティを代替するアクティビティを使用するようにしましょう。

## 18.2 待機アクティビティを代替するアクティビティ

以下のアクティビティを使用することで、[待機]アクティビティを代替することができます（表18.1）。

| アクティビティ名 | 概要 |
|---|---|
| 要素の有無を検出 | 指定した要素が画面に存在するかどうかを判断し、真偽値（Boolean）を返す。 |
| 要素を探す | 指定した要素が画面に表示されるのを待ち、UiElement 変数として返す。 |
| 要素の消滅を待つ | 指定した要素が画面に表示されなくなるまで待機する。 |
| 要素が出現したとき | 指定した要素が画面に表示されたときにのみ行う複数の操作を登録する。 |
| 要素が消滅したとき | 指定した要素が画面から消滅されたときにのみ行う複数の操作を登録する。 |

■表18.1 待機アクティビティを代替するアクティビティ

### 18.2-1 要素の有無を検出

指定した要素が画面に存在するかどうかを判断し、真偽値（Boolean）を返します。タイムアウト時間内に要素が見つかった場合 True、見つからなかった場合 False を返します。

利用例としては、以下が挙げられます。

- 要素が存在するかどうかで処理を分けたい場合に［条件分岐］アクティビティと組み合わせて利用する
- ［リトライスコープ］アクティビティの［条件］フィールドに配置し、要素が出現するまでリトライさせる

注意点として、**画面上に表示されていないが存在する要素**も検出してしまいます。

例えば Chapter15 で、以下ウェブページの自動化を行いました。

https://rpatrainingsite.com/onlinepractice/chapter15.4/

次ページ図の下側に「応答していません。再度実行してください。」と表示されている際、「商品名を入力してください」という文字は非表示になっているだけで要素は存在しています。この場合、セレクターエディタでも検証 OK となり、[要素の有無を検出]でも検出されます（図18.1）。

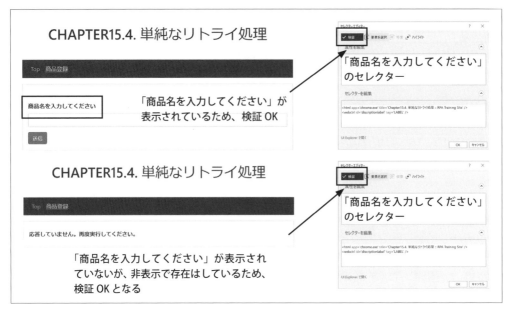

■図 18.1　［要素の有無を検出］による検出

　要素の存在を確認したいのではなく、画面に表示されているかどうかを判断したい場合は、［要素を探す］アクティビティを使用しましょう。

## 18.2-2　要素を探す

　指定した要素が画面に表示されるのを待って、UiElement 変数として返します。タイムアウト時間内に要素が見つからない場合、ActivityTimeoutException というエラーが発生します。

　指定した要素が画面に表示されているかどうかを判断したい場合は、［表示されるまで待つ］プロパティを True に設定しましょう。

　利用例としては、以下が挙げられます。

- アプリケーションの応答時間が異なる場合に、タイミングを合わせるために使用する
- 要素の存在を確認したいのではなく、画面に表示されているかどうかを判断したい場合に使用する

## 18.2-3　要素の消滅を待つ

　指定した要素が画面から表示されなくなるまで待機します。タイムアウト時間内に要素が消滅しない場合、ActivityTimeoutException というエラーが発生します。

　実行したタイミングですでに指定の要素が表示されていない場合も、要素が消滅したとみなされます。

利用例としては、下記が挙げられます。

- 処理中のみダイアログが表示され、処理終了後ダイアログが非表示になるアプリケーションの場合

### 18.2-4　要素が出現したとき

指定した要素が画面に表示されるまで待機し、要素が表示されたときに、登録した複数の操作を実行できるアクティビティです。

既定値では［無限に繰り返す］プロパティが True であり、タイムアウトにならない限り、指定の要素が出現するたびに、「Do」シーケンス内の処理を実行します。

本アクティビティは、［要素の有無を検出］アクティビティと［条件分岐］アクティビティをセットにしたアクティビティのようなもので、**ある要素が見つかった場合に行う一連の処理を定義**することができます。

ただし［要素の有無を検出］アクティビティと［条件分岐］アクティビティの組み合わせでは要素が見つからなくてもエラーは発生しませんが、本アクティビティではエラーが発生します。まれに発生するエラーメッセージへの対処などで利用する場合には、［エラー発生時に実行を継続］プロパティを True にすることで回避することができます。

利用例としては、以下が挙げられます。

- エラーメッセージが表示された場合の処理を定義したい場合
- 複数回表示されるポップアップで「OK」をクリックさせたい場合

### 18.2-5　要素が消滅したとき

指定した要素が画面に表示されなくなるまで待機し、要素が表示されなくなったときに、登録した複数の操作を実行できるアクティビティです。

利用例としては、下記が挙げられます。

- 処理中ダイアログが非表示になったタイミングで行いたい一連の処理を定義したい場合

### 18.3　待機アクティビティを減らしてみよう

それでは実際に［待機］アクティビティを別のアクティビティに置き換えてみましょう。

### 18.3-1　事前準備

❶ 以下の URL にアクセスし、「Chapter17.2. 機能毎に xaml ファイルを分割しよう .zip」をダウンロードしてください。Chapter17 で作成したものと同じ状態のプロジェクトですので、ご自身で作成されたプロジェクトをご使用いただいてもかまいません。

https://rpatrainingsite.com/downloads/answer/

❷ ダウンロードした zip ファイルを解凍し、解凍したフォルダ内の project.json ファイルを指定して、UiPath Studio でプロジェクトを開いてください。

❸ 本節では「RPA トレーニングアプリ」を使用しますので、RPA トレーニングアプリを起動し、経費一覧画面を表示します。

❹ 画面上部の「安定性訓練モード」アイコンをクリックし、安定性訓練モードを ON にしてください（図 18.2）。

安定性訓練モード OFF　　　　　　　　　　　安定性訓練モード ON

■図 18.2　安定性訓練モードを ON にする

> 注　安定性訓練モードを ON にすることで、経費一覧の画面表示までの待ち時間が 3 秒〜最大 20 秒かかるようになります。

❺ アプリをログアウトし、ログイン画面が表示された状態でワークフローを実行してみましょう。
　経費一覧画面で「+」ボタンをクリックする処理がうまくいかず、エラーが発生し、異常終了します（図 18.3）。

■図 18.3　エラーが発生して異常終了する

［文字を入力：社員番号］アクティビティでエラーが発生していますが、RPAトレーニングアプリを見ると登録画面に移動できておらず、［クリック：新規経費申請ボタン］アクティビティで、クリックしたつもりがクリックできていないために失敗しているようです。

「＋」ボタンは、一覧表読み込み中の間は非表示になっていますが画面上には存在するため、［クリック］アクティビティではクリックできたと認識し、次のアクティビティの処理に進んでしまったようです。

### 18.3-2 ［待機］アクティビティを［要素を探す］アクティビティに置き換える

この事象はChapter4でも発生し、その際には、［待機］アクティビティを配置し、［待機期間］プロパティに2秒（00:00:02）を設定することで安定させました（図18.4）。

■図18.4 ［待機］アクティビティで安定させた

安定性訓練モードをONにすると経費一覧の画面表示までの待ち時間が3秒〜最大20秒かかるようになるので、［待機期間］プロパティに20秒（00:00:20）を設定することでエラーは発生しなくなります。ただし、毎回20秒かかってしまうので、処理時間が非常にかかってしまいます。

［待機］アクティビティを［要素を探す］アクティビティに置き換えることで、待ち時間を減らしましょう。

❶ ［待機］アクティビティを削除します。

❷ ［入力チェック］シーケンスの上に［要素を探す］アクティビティを配置し、アクティビティ名を［要素を探す：新規経費申請ボタン］に変更します（図18.5）。

■図18.5　［要素を探す］アクティビティの配置と名称変更

❸ ［要素を探す：新規経費申請ボタン］アクティビティで「ウィンドウ内で要素を指定」リンク
をクリックし、RPA トレーニングアプリの「+」ボタンを選択します。［表示されるまで待つ］
プロパティを True に設定します。

　以上で［待機］アクティビティから［要素を探す］アクティビティへの置き換えは完了です。

❹ アプリをログアウトし、ログイン画面が表示された状態でワークフローを実行してみましょ
う。

　画面の読込完了後すぐに登録画面に遷移するようになり、正常に 10 件登録されるようになっ
たはずです。

　このようにして［待機］アクティビティを使用しなくても代替するアクティビティを使用する
ことでタイミングを合わせることができ、ワークフローの安定性を向上させながら、ワークフロー
の処理時間を短縮することができます。

# Chapter 19

# Excel マクロの活用方法を理解しよう

本章は 4 つの節で構成されています。

| 節 | 内容 |
|----|------|
| 19.1 | Excel マクロと RPA の使い分け |
| 19.2 | Excel マクロを呼び出してみよう |
| 19.3 | Excel マクロを修正できる場合の呼び出し方法 |
| 19.4 | Excel マクロを修正できない場合の呼び出し方法 |

対象業務の整理を行う中で、Excel マクロで一部処理を自動化しているケースに遭遇することがあるかと思います。Excel マクロを RPA で作り直すべきか、そのまま運用するべきか、悩まれたことのある方もいらっしゃるかもしれません。

本章では、Excel マクロと RPA の使い分けについて、著者の考えを説明したうえで、RPA から Excel マクロを呼び出す際の注意点について説明します。

本章をお読みいただくことで、RPA とその他のツールをどのように繋げて業務自動化を進めていくべきかを学ぶことができます。

## 19.1 Excel マクロと RPA の使い分け

RPA 業務自動化を検討する際、Excel マクロで自動化している処理の扱いとしては以下の 2 パターンが考えられます。

- Excel マクロを RPA に置き換える
- RPA から Excel マクロを呼び出す

Excel マクロを RPA に置き換えるべきか、置き換えず RPA から呼び出すべきかを考えるために、RPA が得意な処理と苦手な処理、Excel マクロが得意な処理、苦手な処理について整理してみましょう。ここでは RPA を UiPath に置き換えて説明します。

### 19.1-1 UiPath が得意な処理と不得意な処理

UiPath は Excel マクロと比べて、以下のことが得意です。

- Excel の表データをデータテーブルとして読み込んだ後の加工演算処理
- システムやアプリケーションの画面操作

- コーディングによるプログラミングなしにフローチャートを用いた操作の自動化
- UiPath Orchestarator と接続することで、プロセス実行状態の一元管理、ログの一元管理

プログラミングなしに Excel を含む複数アプリケーションの自動化を実現できることが特徴です。一方で以下のことが不得意です。

- Excel の書式設定、列幅の細かな微調整
- ピボットテーブルの操作、ページレイアウトの設定
- 数十万行にわたる Excel の大量データの処理

UiPath にも Excel に関する処理を行うアクティビティは多数ありますが、書式設定やレイアウト周りなどの細かな調整は不得意です。また行数が非常に多いデータを扱う場合も処理が重くなってしまうことがあります。

続いて Excel マクロが得意な処理、苦手な処理を整理しましょう。

### 19.1-2　Excel マクロが得意な処理と不得意な処理

言うまでもないですが Excel の操作に関する処理が得意です。

- 数十万行の Excel ファイルの処理
- Excel の書式設定、列幅の細かな微調整
- ピボットテーブルの操作、ページレイアウトの設定

一方で、以下のことが不得意です。

- Excel 以外の処理

### 19.1-3　基本的な方針は「RPA から Excel マクロを呼び出す」こと

ここまでを整理すると、データ量の多い Excel に関する処理や、書式設定、ページレイアウトの設定などの機能については、RPA よりも Excel マクロのほうが適していると著者は考えます。

では上記以外の Excel マクロで行っている処理に関しては、UiPath に置き換えるべきかというと、既存の Excel マクロが安定して動いているのであれば、あえて UiPath に置き換える必要はないでしょう。

RPA は一連の業務を自動化できる素晴らしいツールですが、全てを RPA に置き換える必要はありません。

少し話は変わりますが、手書き文書やスキャナー文書はそのままではコンピュータが読み取ることができないアナログ情報であり、コンピュータが読み取ることができるデジタル情報に変換するには、OCR と呼ばれる文字認識技術に任せるべきです。また経費申請などの申請承認フローを構築したい場合は、RPA ではなくワークフローシステムを導入するべきです。同様に Excel に関する複雑な処理は Excel マクロに任せるべきであり、基本的な方針としては「**RPA から Excel マクロを呼び出す**」ことで、**一連の業務を自動化すべきと考えます。**

ただし、「RPAからExcelマクロを呼び出す」際に、注意すべきポイントがあります。それは、**Excelマクロがダイアログを表示する場合の対処**についてです。

### 19.1-4　Excelマクロがダイアログを表示する場合の対処

例えば、Excelマクロ内でエラーが発生した際、Excelマクロのエラーダイアログが表示される場合があります（図19.1）。

■図19.1　Excelマクロのエラーダイアログ

通常は作業者がエラーダイアログの「終了」ボタンをクリックすればいいだけです。ただし、UiPathからExcelマクロ呼び出しで実行する場合には注意が必要です。

UiPathからExcelマクロを呼び出すには、［マクロを実行］アクティビティを使用しますが、マクロでエラーが発生した場合、Excelマクロのエラーダイアログを閉じない限り、UiPath側でタイムアウトもエラーも発生せずに、ただひたすら待ち続けてしまいます。この問題に対する対処は、状況に応じて2パターンに分かれます。

- Excelマクロを修正できる場合
- Excelマクロを修正できない場合

次節以降で、上記2パターンそれぞれに対して対処法を見ていきますが、まずはUiPathからシンプルなExcelマクロを呼び出す方法を理解しましょう。

## 19.2　Excelマクロを呼び出してみよう

### 19.2-1　事前準備

下記のExcelマクロをダウンロードし、Excel上で動作確認をしてみましょう。

❶ 以下のURLにアクセスし、「Chapter19.Excelマクロ_数値加算.xlsm」をダウンロードしてください。

https://rpatrainingsite.com/downloads/

❷ ダウンロードした「Chapter19.Excelマクロ_数値加算.xlsm」をダブルクリックしてExcelアプリケーションで開きます。

❸ セキュリティの警告が表示された場合、「コンテンツの有効化」をクリックします（図 19.2）。

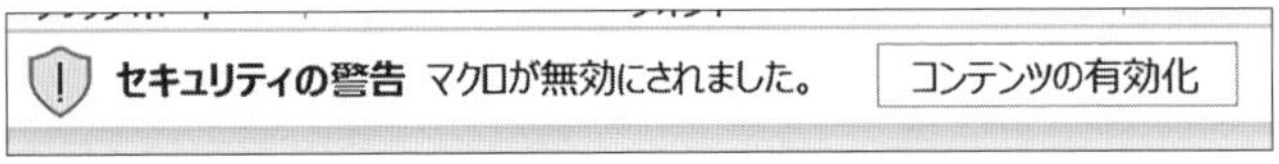

🛡️ **セキュリティの警告** マクロが無効にされました。　　コンテンツの有効化

■図 19.2　セキュリティの警告

　この Excel には、B1 セルと B2 セルの数値を足し合わせた結果を B3 セルに出力する「数値加算マクロ」が含まれています。

　B1 と B2 に値を入力し、「数値加算」ボタンをクリックすると、「数値加算マクロ」が実行され、実行が完了すると「処理が完了しました」とメッセージが表示されます（図 19.3）。

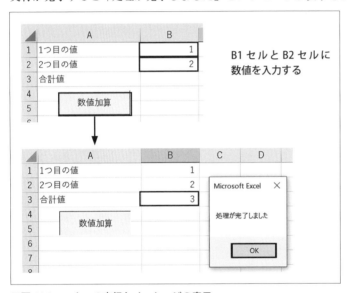

■図 19.3　マクロの実行とメッセージの表示

　数字の加算はセル関数で行えるのでわざわざマクロ化する必要はありませんが、説明を単純化するためにあえてマクロにしています。セルに設定値を入力し、ボタンをクリックするとマクロが実行できる簡易アプリのようにしています。

　では、UiPath からどのようにしてこのマクロを呼び出せばよいのでしょうか。まず考えられるのは、表示されている「数値加算」ボタンを［クリック］アクティビティでクリック操作するということです。

　できるかできないかでいうと操作できますが、「数値加算」ボタンのセレクターは以下のように、「数値加算」ボタン部分のセレクター情報は「name=' 正方形 / 長方形 ' role=' 図形 '」のみで構成されており、ほかにボタンが増えたときに安定性に欠けます。

```
<wnd app='excel.exe' cls='XLMAIN' title='Chapter19.Excel マクロ _ 数値加算 .xlsm - Excel' />
<uia automationid='Chapter19.Excel マクロ _ 数値加算 .xlsm' cls='ExcelGrid' name='Chapter19.
Excel マクロ _ 数値加算 ' />
<uia name=' 正方形 / 長方形 ' role=' 図形 ' />
```

　またChapter10でも触れたように、Excel操作用のアクティビティが用意されている場合、そのアクティビティを使用するほうが安定性や利便性は向上します。マクロ呼び出しについては、[マクロを実行]アクティビティというものが用意されているので、基本的には[マクロを実行]アクティビティを使用することを推奨します。

## 19.2-2　［マクロを実行］アクティビティとは

　Excelブック内のマクロを実行するアクティビティです。[Excelアプリケーションスコープ]内でのみ使用でき、以下のプロパティを設定します（表19.1）。

| プロパティ名 | 設定値 | 必須 / 任意 |
|---|---|---|
| マクロ名 | 呼び出すマクロ名を文字列で指定 | 必須 |
| マクロ パラメーター | マクロに渡す引数（パラメーター）を指定 | 任意 |
| マクロ出力 | マクロから受け取る戻り値（実行結果）を指定 | 任意 |

■表 19.1　［マクロを実行］アクティビティのプロパティ設定

### ●マクロ名の確認方法

　[マクロを実行]アクティビティを使用するためには、最低でも「マクロ名」を把握する必要があります。

　先ほどのExcelマクロで、「数値加算」ボタンをクリックして呼び出されるマクロを確認するには、「数値加算」ボタンを右クリックし、「マクロの登録」を選択します。マクロ名「Chapter19.
Excelマクロ _ 数値加算 .xlsm!SumSheet1Value」が表示されます。ここでは確認のみで保存する必要はありません（図19.4）。

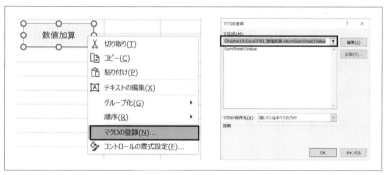

■図 19.4　マクロを登録する

注 「Chapter19.Excel マクロ _ 数値加算 .xlsm!SumSheet1Value」は、Chapter19.Excel マク
ロ _ 数値加算 .xlsm ブック内の「SumSheet1Value」マクロという表記であり、［マクロ
名］プロパティに「SumSheet1Value」とだけ指定しても同じ結果になります。

それでは「SumSheet1Value」マクロを呼び出す RPA プロジェクトを作成してみましょう。

## 19.2-3 Excel マクロを呼び出す自動化プロジェクトの作成

❶ UiPath Studio で「Chapter19.2.Excel マクロ実行」という名前の新規プロセスを作成します。

❷ デザイナー画面が表示されたら、画面中央の「Main ワークフローを開く」をクリックし、［シー
ケンス］アクティビティをデザイナーパネルに配置します。

❸ ［Excel アプリケーションスコープ］アクティビティを配置し、先ほどダウンロードした
「Chapter19.Excel マクロ _ 数値加算 .xlsm」のファイルパスを［ブックのパス］プロパティに指
定します。

❹ ［Excel アプリケーションスコープ］アクティビティの［実行］シーケンス内部に、アプリの
連携 >Excel 配下の［セルに書き込み］アクティビティを配置します。［範囲］プロパティに「"B1"」
を入力し、［値］プロパティに「"1"」を設定します。

❺ ❹で配置した［セルに書き込み］アクティビティの下に、アプリの連携 >Excel 配下の［セ
ルに書き込み］アクティビティを配置します。［範囲］プロパティに「"B2"」を入力し、［値］プ
ロパティに「"2"」を設定します。

❻ ❺で配置した［セルに書き込み］アクティビティの下に、［マクロを実行］アクティビティを
配置し、［マクロ名］プロパティに「"SumSheet1Value"」と入力します。

❼ ［マクロを実行］アクティビティの下に、［セルを読み込み］アクティビティを配置し、［セル］
プロパティに "B3" を入力します。

❽ result という Double 型の変数を作成し、［セルを読み込み］アクティビティの［結果］プロパ
ティに設定します。

❾ ［セルを読み込み］アクティビティの下に、［メッセージボックス］アクティビティを配置し、
［テキスト］プロパティに「" 数字加算結果は " & result.ToString & " です "」を設定します。

以上で完成です。ワークフローは以下のようになります（図 19.5）。

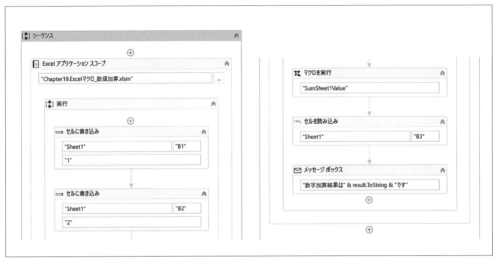

■図 19.5　Excel マクロを呼び出す自動化プロジェクトのワークフロー

　動作確認のため、B3 セルの値を削除し、Excel を保存して閉じてから、ワークフローを実行してみましょう。

　正常にマクロを呼び出せた場合、以下の画面が表示されるはずです（図 19.6）。

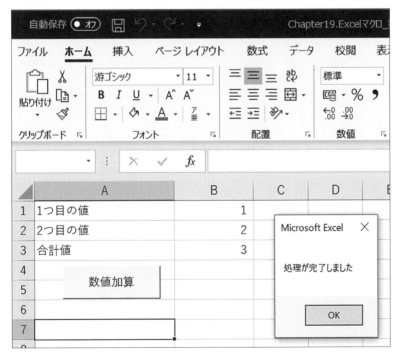

■図 19.6　マクロの呼び出し結果

まずは UiPath からマクロを呼び出せたことを喜びたいところですが、「OK」ボタンをクリックせずに待っていただくと、30 秒たっても 60 秒たっても UiPath は待ち続けてしまいます。Excel の「OK」ボタンをクリックすると、ようやく UiPath 側の［メッセージボックス］アクティビティが呼び出されることを確認してください。

もう 1 ケースの動作確認を行います。

1 つ目の［セルに書き込み］アクティビティの［値］プロパティを "1" から "五" に変更します。

ワークフローを実行してみましょう。「五」という文字と 2 を足し算しようとして、マクロ側でエラーが発生し、以下の画面が表示されるはずです（図 19.7）。

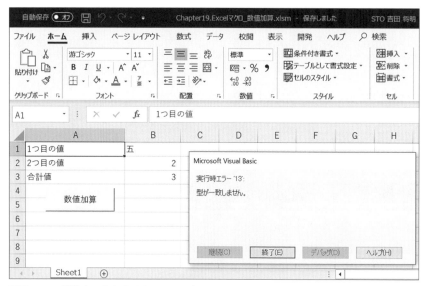

■図 19.7 漢数字で入力するとエラーになる

これらは 19.1 節でも説明した「Excel マクロがダイアログを表示する場合」に当たり、Excel 側のダイアログを閉じない限り、UiPath 側は処理を行うことができないという事象です。

このように処理完了メッセージや、異常終了メッセージなどのダイアログが表示された場合、人が毎回「OK」操作をしないといけないという運用にしてしまうと、せっかくの自動化効果が薄れてしまいます。可能であればダイアログが表示されないようにし、無理であれば「OK」操作を自動化したいものです。この問題に対する対処を以下それぞれのパターンで確認していきましょう。

- Excel マクロを修正できる場合
- Excel マクロを修正できない場合

## 19.3 Excelマクロを修正できる場合の呼び出し方法

Excelマクロでソースを修正できる場合を考えます。ソースを修正できる場合は、以下の観点から修正を検討します。

- 「処理完了メッセージ」などのメッセージボックスの表示箇所をコメントアウトする
- エラー発生時のダイアログ表示を抑制するためにエラー制御処理を追加する
- エラーメッセージや処理結果をUiPathに戻り値として返却できるようにする
- UiPath側でExcelマクロ呼び出し結果を確認し制御を行う

それではExcelファイルを開いて、マクロのソースコードを確認しましょう。Excelで「開発」タブ>「VisualBasic」をクリックし、「プロジェクト」タブ>「標準モジュール」>「Module1」と続けて選択します。

```
Public Sub SumSheet1Value ()
  Cells (3, 2) = Cells (1, 2) + Cells (2, 2)
  MsgBox (" 処理が完了しました ")
End Sub
```

これが、マクロのソースコードの本体です。非常にシンプルですね。まずは、メッセージボックスをExcelマクロで表示しないようにするため、コメントアウトしましょう。

### 19.3-1 「処理完了メッセージ」などのメッセージボックスの表示箇所をコメントアウトする

MsgBoxの文頭に「'」（シングルコーテーション）をつけ、コメントアウトします。

```
Public Sub SumSheet1Value ()
  Cells (3, 2) = Cells (1, 2) + Cells (2, 2)
  'MsgBox (" 処理が完了しました ")
End Sub
```

これで、通常時は、ダイアログが表示されなくなりました。しかしまだエラーが発生した際にはエラーのメッセージダイアログが表示されてしまいます。

### 19.3-2 エラー発生時のダイアログ表示を抑制するためにエラー制御処理を追加する

このExcelマクロにエラー制御を追加します。以下のように修正します。

```
Public Sub SumSheet1Value ()
 '1. On Error GoTo 文を追加
 On Error GoTo ERR_HANDLER
  Cells (3, 2) = Cells (1, 2) + Cells (2, 2)
  'MsgBox (" 処理が完了しました ")
  '3. エラーハンドラーの前にを Exit 処理を追加
  Exit Sub
 '2. エラーハンドラーのラベルを追加
 ERR_HANDLER:
 End Sub
```

　ポイントは以下3点です。

1. **On Error GoTo 構文**でエラーが発生したらエラーハンドラー（ERR_HANDLER）にジャンプ
   させるように指定

2. エラーハンドラーのラベルを追加する

3. 正常終了時は、エラーハンドラーの前に Exit 処理を追加する

　これで、エラー発生時にもダイアログが表示されなくなりました。 ただしこの状態では、マ
クロでエラーが発生したかどうか UiPath 側で判断することができません。


### 19.3-3　エラーメッセージや処理結果を UiPath に戻り値として　返却できるようにする

　それでは以下のように Excel マクロのソースコードを変更してみましょう。

```
 2. 従来の関数は互換性のため残しておく
Public Sub SumSheet1Value ()
  Call SumTwoValue
  'MsgBox (" 処理が完了しました ")
End Sub

 '1. 戻り値が String 型の関数を追加
Public Function SumTwoValue () As String
On Error GoTo ERR_HANDLER
  SumTwoValue = ""
  Cells (3, 2) = Cells (1, 2) + Cells (2, 2)
  Exit Function
ERR_HANDLER:
  '3. エラー発生時、エラー内容を戻り値に設定する
  SumTwoValue = Err.Description
End Function
```

　ポイントは以下の3点です。

1.戻り値が String 型の関数を追加し、UiPath からはその関数を呼び出す

2.従来の関数は互換性のため残しておく

3. 正常完了時は空の文字列、エラー発生時はエラー内容を戻り値として設定する

　これにより、［マクロを実行］アクティビティの［マクロ出力］プロパティから、マクロ実行エラーの有無を判断できるようになります。

### 19.3-4　UiPath 側で Excel マクロ呼び出し結果を確認し制御を行う

　最後に UiPath 側の修正です。

❶ 変数パネルを開き、「resultObj」という名前の Object 型の変数を作成します。

❷ ［マクロを実行］アクティビティの［マクロ名］プロパティを「"SumTwoValue"」に変更し、［マクロ出力］プロパティに「resultObj」を設定します。

❸ ［メッセージボックス］アクティビティの下に、［条件分岐］アクティビティを配置し、［条件］プロパティに「resultObj.ToString = ""」と入力します。

❹ ［セルを読み込み］アクティビティを［条件分岐］アクティビティの Then 内部に移動します。

❺ ［メッセージボックス］アクティビティを、［条件分岐］アクティビティの Then 内［セルを読み込み］アクティビティの下に移動します。

❻ ［条件分岐］アクティビティの Else 内部に、別の［メッセージボックス］アクティビティを配置し、［テキスト］プロパティに「"マクロ呼び出しエラーが発生しました。エラーメッセージ: " & resultObj.ToString」を設定します。

　以上で完成です。ワークフローは以下のようになります（図 19.8）。

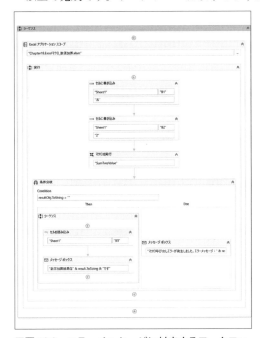

■図 19.8　エラーメッセージに対応するワークフロー

動作確認のため、B3 セルの値を削除し、Excel を保存して閉じてから、ワークフローを実行してみましょう。

　正常終了時もエラー発生時もマクロ側のダイアログは表示されなくなり、また実行結果やエラーメッセージを UiPath 側で確認できるようになります。

　このように RPA との連携を考慮した Excel 関数を用意できるので、Excel 側のエラーも加味した制御を UiPath 側で行うことができます。

　一方で Excel マクロ側の修正ができない場合も多くあると思いますので、以下でマクロを修正できない場合の対処法をご紹介します。

## 19.4　Excel マクロを修正できない場合の呼び出し方法

　Excel マクロを修正できない場合は、UiPath 側で Excel マクロのダイアログが表示されていないかをチェックし、ダイアログが表示されたらダイアログを閉じる処理を追加します。

　ただし、［マクロを実行］アクティビティの下に、ダイアログの存在確認を行うアクティビティを追加しても、Excel のダイアログが閉じられない限り［マクロを実行］アクティビティで待機してしまうため、ダイアログの存在確認が行われません。そのため、［並列］アクティビティを使用します。［並列］アクティビティは、複数のアクティビティを同時に実行することができるアクティビティです。

　早速作成してみましょう。

❶ 以下の URL に Google Chrome でアクセスし、「Chapter19.2.Excel マクロ実行.zip」をダウンロードしてください。本章の 19.2 で作成したものと同じ状態のプロジェクトですので、ご自身で作成されたプロジェクトをご使用いただいてもかまいません。

https://rpatrainingsite.com/downloads/answer/

❷ ダウンロードした zip ファイルを解凍し、解凍したフォルダ内の project.json ファイルを指定して、UiPath Studio でプロジェクトを開き、メインワークフローを展開します。

❸ ［マクロを実行］アクティビティの上に、［並列］アクティビティを配置します。

❹ ［並列］アクティビティ内に、［シーケンス］アクティビティを配置し、その中に［マクロを実行］、［セルを読み込み］、［メッセージボックス］アクティビティを移動します。

❺ ［並列］アクティビティ内の［シーケンス］アクティビティの右側に［要素が出現したとき］アクティビティを配置します。

> 注　通常のアクティビティは、アクティビティを下方向に配置することしかできませんが、並列アクティビティは、同時に実行したいアクティビティを横方向に配置することができます。

❻ ［要素が出現したとき］アクティビティのプロパティ設定を以下に変更します（表 19.2）。

| プロパティ名 | 設定値 |
|---|---|
| 無限に繰り返す | False |
| 表示されるまで待つ | True |
| タイムアウト（ミリ秒） | 3000 |
| エラー発生時に実行を継続 | True |

■表 19.2　［要素が出現したとき］アクティビティのプロパティ設定

❼ 解凍したフォルダ内の「Chapter19.Excel マクロ _ 数値加算 .xlsm」を Excel で開き、「数値加算」ボタンをクリックして「処理が完了しました」ダイアログを表示します。

❽ ［要素が出現したとき］アクティビティの「画面上で指定」リンクから、Excel の「処理が完了しました」ダイアログを指定し、記録します。

❾ ［要素が出現したとき］アクティビティの Do 内部に、［クリック］アクティビティを配置します。

❿ ［クリック］アクティビティの「画面上で指定」リンクから、Excel の「処理が完了しました」ダイアログ「OK」ボタンを指定し、記録します。

同様にして、エラーダイアログが表示された場合の対処を追加します。

⓫ ［並列］アクティビティ内の［要素が出現したとき］アクティビティの右側に別の［要素が出現したとき］アクティビティを配置します。

⓬ ［要素が出現したとき］アクティビティのプロパティ設定を以下に変更します（表 19.3）。

| プロパティ名 | 設定値 |
|---|---|
| 無限に繰り返す | False |
| 表示されるまで待つ | True |
| タイムアウト（ミリ秒） | 3000 |
| エラー発生時に実行を継続 | True |

■表 19.3　［要素が出現したとき］アクティビティのプロパティ設定

⓭ Excel のエラーダイアログを表示させた状態で［要素が出現したとき］アクティビティの「画面上で指定」リンクから、Excel のエラーダイアログを指定し、記録します。

⓮ ［要素が出現したとき］アクティビティの Do 内部に、［クリック］アクティビティを配置します。

⓯ ［クリック］アクティビティの「画面上で指定」リンクから、Excel のエラーダイアログ「OK」ボタンを指定し、記録します。

ワークフローは以下となります（図 19.9）。

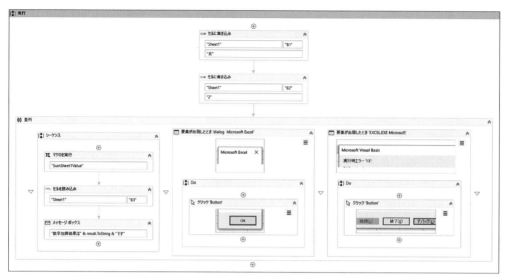

■図 19.9　Excel マクロを修正できない場合に対応したワークフロー

　それぞれの処理は平行して動作するため、このやり方であればダイアログの存在確認およびダイアログ操作を行うことができます。

# Chapter 20

# VB.NET 関数を使いこなそう

本章は3つの節で構成されています。

| 節 | 内容 |
|---|---|
| 20.1 | UiPath と VB.NET の関係 |
| 20.2 | 文字列操作関数 |
| 20.3 | 日付操作関数 |

　画面上のボタンをクリックしたい場合、［クリック］アクティビティを使用します。画面上の
テキストを取得したい場合、［テキストを取得］アクティビティを使用します。このようになに
か処理を自動化したい場合、該当するアクティビティを検索し自動化を行っていきますが、該当
するアクティビティが見つからなかった場合、どうすれば良いのでしょうか。アクティビティが
用意されていない処理を行う方法の一つとして、VB.NET 関数を使用します。

　本章では、VB.NET 関数とはどういうものかを説明したうえで、よく使う VB.NET 関数につ
いて説明します。

　本章をお読みいただき、VB.NET 関数の概念と使い方を理解することで、アクティビティが
存在しない処理の自動化実現方法をご理解いただくことができます。

## 20.1　UiPath と VB.NET の関係

　UiPath Studio は、「アクティビティを組み合わせることで業務を自動化するソフトウェアプ
ログラムを作成するツール」と言えます。そして UiPath 製品は、「.NET Framework」という
Windows アプリケーションの実行環境上で動作します。

　この「.NET Framework」上で動作するアプリケーションを開発するツールは他にも多数存
在し、有名なものではマイクロソフト社が提供する「Visual Studio」という開発ツールがあります。
これらのツールでは、「VB.NET」や「C#」といったプログラミング言語を用いて処理を記述し、
ソフトウェアプログラムを作成します。

　UiPath においては、VB.NET などのプログラミング言語ではなく、アクティビティで処理
を自動化していくわけですが、例えば整数（Int32）型の number という変数をウェブ画面上の
テキスト欄に入力する場合には、文字列（String）型に型変換する必要があるため、「number.
ToString」と書く必要があります。

　本書でも何度も紹介してきたこの「ToString」は、実は VB.NET の関数です。「number.
ToString」という VB.NET 関数を使用することで、「文字列（String）型に型変換する」アクティ

ビティが用意されていないとしても処理を実現することができるのです。特に文字列操作、日付操作などは VB.NET 関数を使用して実現することが多いかと思います。

以下で順番に整理していきましょう。

## 20.2 文字列操作関数

業務を自動化していく中で、文字列を操作したいケースに多く遭遇します。例えば、以下のようなケースです。

- 金額の桁区切りカンマを付けたい
- 入力された桁数が 5 桁かどうかをチェックしたい
- 数字を 5 桁で 0 埋めしたい
- 文字列の先頭 3 文字のみ抽出したい

これらは UiPath 標準のアクティビティとして用意されていません。しかし、文字列（String）型には、文字列操作のための VB.NET 関数が用意されており、それを利用することで多くのことが実現可能です。代表的な文字列操作関数を見てみましょう（表 20.1）。

| 関数 | 処理概要 |
| --- | --- |
| Format | 文字列を整形する、書式指定を行う。 |
| IsNullOrEmpty | 指定された文字列が null または空の文字列（""）であるかどうかを判断する。 |
| Contains | 指定した文字列が存在するかどうかを判断する。 |
| Replace | 文字列を置換する。 |
| Substring | 文字列の一部を抜き出して返却する。 |
| Length | 文字数を返す。 |
| Trim | 先頭および末尾から、空白を全て除去する。 |

■表 20.1　代表的な文字列操作関数

### 20.2-1　String.Format 関数

文字列の整形や書式設定を行う関数です。

固定文字列と変数を組み合わせて文字列を作成する際、固定文字列と変数を「+」もしくは「&」で繋げて記述していく必要があり、変数の数が多いほど見通しが悪くなる傾向があります（図20.1）。

■図 20.1　String.Format 関数

　このような場合には、Format 関数を使うことで見通しを良くすることができます。String.Format（）ではじめ、括弧内の第 1 引数には、文字列で全文を記載し、変数で置き換えたい箇所に {x} と記載します（x は 0 始まりの連番）。第 2 引数以降は置き換える変数を指定します（図20.2）。

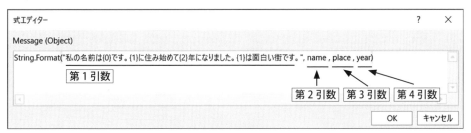

■図 20.2　置き換えたい箇所に 0 始まりの連番を記載する

　実行時のイメージは下記の通りです（図 20.3）。

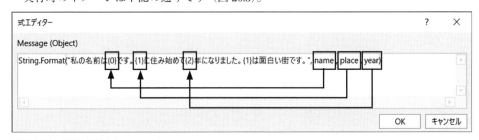

■図 20.3　関数の対応について

これが基本的な使い方ですが、書式指定子と呼ばれる記号と組み合わせることで、数字を5桁の0埋めで出力したり、小数点以下の表示桁数を指定したり、金額の3桁区切り表示などができるようになります。

### ● 0埋めで表示する

　基本的な使い方では、変数で置き換えたい箇所を {x} と指定しました。5桁で0埋めをしたい場合、{x:00000} のように指定します（図20.4）。

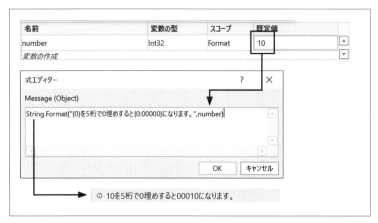

■図20.4　2桁以上の数字を表示

> 注　x に指定する変数は数値型（Int32 や、Double など）である必要があります。

### ● 小数点の桁数を指定する

　例えば小数点2桁まで表示したい場合、{x:#.##} のように指定します。指定した桁数以下は四捨五入されます（図20.5）。

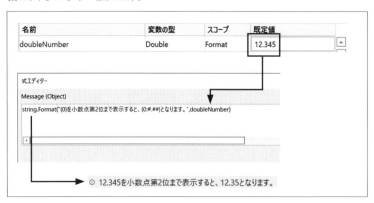

■図20.5　小数点を表示

> 注　x に指定する変数は浮動小数点型（Float や、Double など）である必要があります。

### ● 3桁区切りで表示する

3桁区切りでカンマ表示したい場合、{x:#,0} のように指定します（図20.6）。

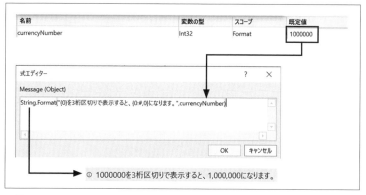

■図20.6　カンマで区切る表示

### ●小数を％で表示する

小数を％表示したい場合、{x:P} のように指定します（図20.7）。

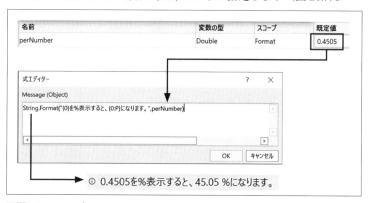

■図20.7　％で表示

## 20.2-2　String.IsNullOrEmpty 関数

指定された文字列が null または空の文字列（""）であるかどうかを判定し、null または空の文字列だった場合 True を、そうでなかった場合 False を返却します。文字列変数の入力チェックに用いることが多いです（図20.8）。

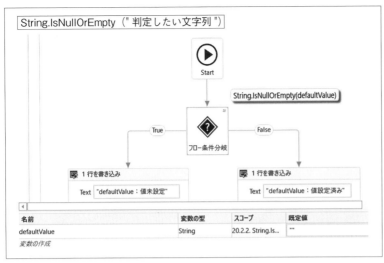

■図 20.8 文字列の合致を判定

## 20.2-3 Contains 関数

　指定した部分文字列がこの文字列内に存在するかどうかを判定し、存在した場合 True を、存在しなかった場合 False を返却します（図 20.9）。

■図 20.9 文字列を含むか判定

　上記例では、「あいうえおかきくけこさしすせそ」という文字が格納された hiragana という文字列型変数に、「かきくけこ」という文字列が含まれるかを判定しています。結果は True が返却されます。

### 20.2-4　Replace 関数

指定した文字列を置換する関数です（図 20.10）。

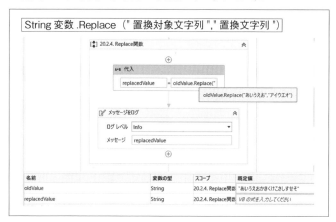

String 変数 .Replace（" 置換対象文字列 "," 置換文字列 "）

■図 20.10　文字列の置換

　上記例では、「あいうえおかきくけこさしすせそ」という文字が格納された oldValue という文字列型変数に対し、「あいうえお」→「アイウエオ」の置換を指示しています。結果は「アイウエオかきくけこさしすせそ」が返却されます。


### 20.2-5　Substring 関数

文字列の一部を抜き出して返却する関数です。Excel の Mid 関数に相当します（図 20.11）。

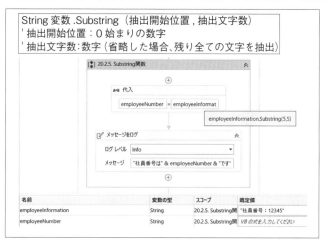

String 変数 .Substring（抽出開始位置 , 抽出文字数）
' 抽出開始位置：0 始まりの数字
' 抽出文字数：数字（省略した場合、残り全ての文字を抽出）

■図 20.11　文字列の一部を抜き出して返却

　上記の例では、「社員番号：12345」という文字が格納された employeeInformation という文字列型変数から、「12345」という社員番号 5 桁を抽出しています。

以下のように抽出文字数を省略した場合も同じ結果になります。

employeeNumber = employeeInformation.Substring（5）

## 20.2-6 Length 関数

文字列の文字数を返す
関数です（図 20.12）。

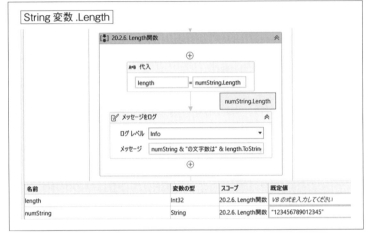

■図 20.12　文字列の文字数を返す

上記の例では、「123456789012345」という文字が格納された numString という文字列型変数
の文字数を抽出しています。結果は 15 という整数型で返ってきますので、length という整数型
の変数に格納しています。

## 20.2-7 Trim 関数

先頭および末尾から、空白を全て除去します（図 20.13）。

■図 20.13　先頭および末尾から空白を全て除去する

Trim 関数には、TrimStart、TrimEnd という関数も存在します。

```
' 先頭の空白のみ削除したい場合
String 変数 .TrimStart
' 最後の空白のみ削除したい場合
String 変数 .TrimEnd
```

### 20.2-8　その他の文字列操作関数

その他にも以下の文字列操作関数は使用する機会があるかもしれません（表 20.2）。

| 関数 | 処理概要 |
|---|---|
| Split | 指定されたルールに従って、文字列を配列に変換する。カンマ区切りの CSV データを配列に変換する際によく利用する。 |
| Join | 配列を連結し、文字列型に変換する。 |
| IndexOf | 指定された文字列が最初に見つかった位置を返却する。 |
| StartsWith | 文字列の先頭が、指定した文字列と一致するかどうかを判断する。 |
| EndsWith | 文字列の末尾が、指定した文字列と一致するかどうかを判断する。 |
| PadLeft | 指定の文字数になるまで先頭を空白または指定文字で埋める。 |
| ToUpper | 大文字に変換する。 |
| ToLower | 小文字に変換する。 |
| strConv | 指定に従って変換された文字列型の値を返す。<br>全角に変換　StrConv（str,vbWide,1041）<br>半角に変換　StrConv（str,vbNarrow,1041） |

■表 20.2　その他の文字列操作関数

　紙面の都合上、これらの詳細な説明は省きますが、インターネットで「UiPath 文字列操作関数」「VB.NET 文字列操作関数」などと検索すると、使用例が見つかるかと思いますので、参考にしてください。

## 20.3　日付操作関数

　以下のように、日付、時刻に関する処理を行いたいケースにもよく遭遇します。
- 現在の日付を取得したい
- 日時を指定したフォーマットで出力したい
- 入力された日付が存在する日付かどうかチェックしたい
- 入力された日付が未来日かどうかチェックしたい
- 検索条件で検索日から 1 週間前の日付を指定したい
- ワークフローである処理を実施するのにかかった秒数を知りたい

例えば画面から取得した日付の7日前の日付を取得したいという場合を考えてみましょう。画面上に表示されているのが、"2020/4/1"という日付だった場合、日付："1"を取り出して、－7をすると、"－6"となってしまい、正しく7日前の日付が取得できません。日付が負の値になった場合の判断を入れたとしても、その月の最終日が28日、30日、31日のどのパターンか、うるう年なのか、などの判断が多くなってしまい、非常に複雑な処理となってしまいます。

　これら日付に関する処理には日付操作関数を用いましょう。

## 20.3-1　日付型（DateTime）について

　日付や時刻に関する関数を使用するためには、日付型（System.DateTime 型）というデータ型を使用する必要があります。日付型の変数を作成してみましょう。変数パネルより、「型の参照」をクリックすると、使用できる型の選択画面が表示されます。アクティビティ同様、非常に多くの選択肢があるので、検索欄で「System.DateTime」と入力し、表示された「System ＞ DateTime」を選択し、OK をクリックします（図20.14）。

■図20.14　日付型の変数を作成する

変数パネルで、DateTime 型が生成されていることをご確認ください（図 20.15）。

■図 20.15　DateTime 型が作成される

## 20.3-2　文字列型から日付型への変換

日時情報の保持、入力チェック、日時の加減算などは日付型変数に対して行い、画面上や Excel などに出力する際には文字列型に変換する、というのが基本的な考え方です。そのため、「画面や Excel から取得した日付が有効日付かどうかチェックをしたい」といった場合、画面や Excel から取得した日付（文字列型）を、一度日付型に変換してからチェックする必要があります。

文字列型から日付型への変換には、DateTime.Parse（文字列型）関数を使用します。DateTime.Parse 関数を呼び出すと、指定した文字列が日付型に変換され結果として返却されます。代入アクティビティにて、文字列型から日付型への変換を行ってみましょう。

まずは準備として、変数パネルで、「変換前の文字列型変数1」と、「変換後の日付型変数1」を作成します。「変換前の文字列型変数1」の既定値には、「"2020/04/01"」と入力します（図 20.16）。

| 名前 | 変数の型 | スコープ | 既定値 |
|---|---|---|---|
| 変換前の文字列型変数1 | String | 20.3.2. 文字列型から | "2020/04/01" |
| 変換後の日付型変数1 | DateTime | 20.3.2. 文字列型から | VB の式を入力してください |

■図 20.16　変換前の文字列型変数を入力する

［代入］アクティビティを配置し、以下のように設定し、ワークフローを実行してみてください（図 20.17）。

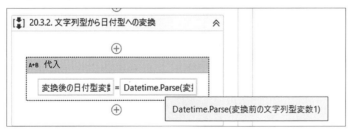

■図 20.17　［代入］アクティビティを配置して実行

エラーは発生せずに正常に終了します。これが基本的な日付型への変換方法です。

では、例えば変換前の文字列が"20200401"だった場合（/がない場合）はどうでしょうか。試しに、変換前の文字列型変数1の既定値を "20200401" に変更して再度実行してみてください。こちらはエラーになります（図20.18）。

■図20.18　/がないとエラーになる

文字列型を日付型に変換する場合、yyyy/MM/dd 形式にしてから変換する必要があります。"20200401" という文字列は "2020/04/01" という文字列に変更する必要があるということです。

変数パネルで、「変換後の文字列型変数2」を追加しましょう。先ほど配置した［代入］アクティビティの上に［代入］アクティビティをもう一つ追加し、以下を設定します。

---

変換後の文字列型変数2 = 変換前の文字列型変数1.SubString（0,4）+"/"+ 変換前の文字列型変数1.SubString（4,2）+"/"+ 変換前の文字列型変数1.SubString（6,2）

---

2つ目の代入アクティビティは以下に変更します。

---

変換後の日付型変数1 = DateTime.Parse（変換後の文字列型変数2）

---

この時点で、アクティビティとその設定値は以下のようになります（図20.19）。

■図20.19　現状のアクティビティと設定値

実行してみると、エラーにならずに正常終了したと思います。少し面倒ですが、"/"が入っていない日付文字列を日付型に変換する方法を紹介しました。

なお、DateTime.Parse 関数ですが、存在しない日付文字列を渡すとエラーになってしまいます。存在する日付かどうかを事前にチェックする方法は後ほど紹介いたします。

### 20.3-3　日付型から文字列型への変換

日付型を文字として出力するには、**日付型変数.ToString 関数**を使用します。

### 20.3-4　日付のフォーマット指定

日付のフォーマット指定をすることで、指定フォーマットで文字列を出力することもできます（表 20.3）。

| フォーマット | 使用例 | 出力される値 |
|---|---|---|
| yyyy 年 MM 月 dd 日 HH 時 mm 分 ss 秒 fff ミリ秒 | New DateTime (2020,4,1,14,15,16,500).ToString ("yyyy 年 MM 月 dd 日 HH 時 mm 分 ss 秒 fff ミリ秒 ") | "2020 年 04 月 01 日 14 時 15 分 16 秒 500 ミリ秒 " |
| yyyy/MM/dd | New DateTime （2020,4,1,14,15,16,500）.ToString （"yyyy/MM/dd"） | "2020/04/01" |
| yyyyMMdd | New DateTime （2020,4,1,14,15,16,500）.ToString （"yyyyMMdd"） | "20200401" |
| yyMMdd | New DateTime （2020,4,1,14,15,16,500）.ToString （"yyMMdd"） | "200401" |
| HH:mm:ss | New DateTime （2020,4,1,14,15,16,500）.ToString （"HH:mm:ss"） | "14:15:16" |
| 現在の時刻は HH 時 mm 分です | " 現在の時刻は " + New DateTime （2020,4,1,14,15,16,500）.ToString （"HH 時 mm 分 "） + " です " | " 現在の時刻は 14 時 15 分です " |

■表 20.3　日付型変数.ToString （フォーマット書式指定）

### 20.3-5　現在日時の取得

現在日時を取得するには、**DateTime.Now 関数**を使用します。DateTime.Now 関数を呼び出すと、現在日時を日付型として取得します。代入アクティビティを配置し、日付型変数に現在日時を設定しましょう。代入アクティビティが呼び出された瞬間の日時が設定されます。

確認のため、1 行を書きこみアクティビティを配置し、現在日時を格納した日付型変数を、文字列として出力し、現在日時がログに出力されることを確認しましょう（図 20.20）。

■図 20.20　現在日時を取得する

### 20.3-6　存在する日付か確認

　DateTime.Parse 関数で、存在しない日付を変換対象として指定した場合、エラーになります。日付型に変換することができないからです。言い換えると、日付型に変換できる場合は存在する日付であると言えます。

　DateTime.TryParse という関数は、日付型に変換することができるかどうかをチェックし、結果を真偽値で返却する関数です。以下のように、分岐構造とセットで使うことができます（図20.21）。

■図 20.21　存在する日付を確認する

　DateTime.TryParse 関数で存在する日付かどうかのチェックを行い、OK であれば、DateTime.Parse 関数で日付型に変換する。というのが一般的な日付チェックになります。

### 20.3-7　未来日確認

　日付型変数同士であれば比較ができるため、チェック対象の日付型変数と現在日時を比較し、チェック対象の日付型変数のほうが大きければ未来日だと判断できます（図 20.22）。

■図 20.22　未来日を確認する

### 20.3-8　日付の加減算

　今日から 3 日前の日付、今から 10 時間後の日時など、日付型変数に対して、指定した日時の加減算を行うことができます（表 20.4）。

| 加減算種類 | 関数 | 使用例 | 出力される値 |
|---|---|---|---|
| 年 | AddYears | New DateTime （2020,4,1）.AddYears（1）.ToString（"yyyy/MM/dd"） | "2021/04/01" |
| 年 | AddYears | New DateTime （2020,4,1）.AddYears（-1）.ToString（"yyyy/MM/dd"） | "2019/04/01" |
| 月 | AddMonths | New DateTime （2020,12,1）.AddMonths（1）.ToString（"yyyy/MM/dd"） | "2021/01/01" |
| 日 | AddDays | New DateTime （2019,12,31）.AddDays（1）.ToString（"yyyy/MM/dd"） | "2020/01/01" |
| 時間 | AddHours | New DateTime (2019,12,31,15,10,18).AddHours（10）.ToString（"yyyy/MM/dd HH:mm:ss"） | "2020/01/01 1:10:18" |
| 分 | AddMinutes | New DateTime （2019,12,31,15,10,18）.AddMinutes（10）.ToString（"yyyy/MM/dd HH:mm:ss"） | "2019/12/31 15:20:18" |
| 秒 | AddSeconds | New DateTime （2019,12,31,15,10,18）.AddSeconds（10）.ToString（"yyyy/MM/dd HH:mm:ss"） | "2019/12/31 15:10:28" |

■表 20.4　日付の加減算方法

現在日付と、1週間前の日付を取得するには、以下のように設定します。

" 現在日付 :" + DateTime.Now.ToString（"dd"）" 現在日から 7 日前の日付 :" + DateTime.Now.AddDays（-7）.ToString（"dd"）

### 20.3-9　日付間隔の計算

ある日付型変数から別の日付型変数を引き算すると、2 つの日付（時間）の時間間隔が保持された TimeSpan 型というデータ型が返却されます。Timespan 型は、合計日数や合計秒数など、単位を指定して時間間隔を取得することが可能です。

例えば以下のようにすると、2020 年度の合計日数が取得できます（図 20.23、表 20.5）。

■図 20.23　1 年の合計日数を取得する方法

| 間隔単位 | 関数 | 使用例 | 出力される値 |
|---|---|---|---|
| 日 | TotalDays | （New DateTime（2020,4,1）- New DateTime（2019,4,1））.TotalDays | 365 |
| 時間 | TotalHours | （New DateTime（2020,4,1）- New DateTime（2019,4,1））.TotalHours | 8760 |
| 分 | TotalMinutes | （New DateTime（2020,4,1）- New DateTime（2019,4,1））.TotalMinutes | 525600 |
| 秒 | TotalSeconds | （New DateTime（2020,4,1）- New DateTime（2019,4,1））.TotalSeconds | 31536000 |
| ミリ秒 | TotalMilliSeconds | （New DateTime（2020,4,1）- New DateTime（2019,4,1））.TotalMilliSeconds | 31536000000 |

■表 20.5　時間間隔の関数

この関数を利用すると、ワークフローの処理時間を計測することができます。

1. ワークフローの開始時に、DateTime.Now 関数にて、開始時の時間を日付型変数に設定します

2. ワークフロー終了時に DateTime.Now 関数にて、終了時の時間を、開始時とは別の日付型変数に設定します

3. （終了時の日付型変数 - 開始時の日付型変数）.TotalSeconds 関数を呼び出し、ワークフローの実行にかかった合計秒数を取得します

　このように VB.NET 関数を利用することで、アクティビティで用意されていないような処理も実現することができます。ご紹介した以外にも VB.NET には非常に多くの関数が用意されており、その多くは UiPath でも使用することができます。うまく活用して自動化の幅を広げていきましょう。

# Chapter 21

# ライブラリを使って
# 共通部品化を進めよう

本章は 4 つの節で構成されています。

| 節 | 内容 |
|------|------|
| 21.1 | ライブラリとは |
| 21.2 | ライブラリの作成 |
| 21.3 | ライブラリのパブリッシュ |
| 21.4 | ライブラリの呼び出し |

　UiPath には共通部品を作成する機能が用意されています。その一つが、作成したワークフローをオリジナルのアクティビティに変換するライブラリ機能です。

　本章では、ワークフローをアクティビティ化する「ライブラリ」の作成方法や活用のポイントを学びます。

　本章をお読みいただくことで、複数のプロジェクトで同じ処理を行っている場合、その一連の処理をライブラリとしてアクティビティ化し、複数プロジェクトで使いまわすことができるようになり、開発効率を向上させることができます。

## 21.1　ライブラリとは

　ライブラリとは、ワークフローを再利用可能な部品として作成し、自動化プロセスにアクティビティとして組み込めるようにする仕組みです。

　自動化プロセス同様、ライブラリはパブリッシュすることで nupkg パッケージファイルとして保存されます。パッケージマネージャーを使用して依存関係ライブラリとしてインストールすることができます。

## 21.2　ライブラリの作成

　早速ライブラリの作成を試してみましょう。

　作成するのは、足し算、引き算、掛け算、割り算を行う 4 つのアクティビティが含まれる「四則演算」ライブラリです。完成イメージは以下です（図 21.1）。

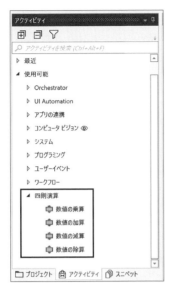

■図21.1　四則演算ライブラリの完成形

❶ UiPath Studio を起動し、バックステージビューが表示されたら、新規プロジェクトより「ライブラリ」をクリックします（図21.2）。

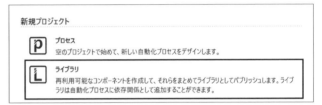

■図21.2　新規プロジェクトからライブラリをクリックする

❷「新しい空のライブラリ」ポップアップが表示されたら、名前に「四則演算」、説明に「足し算、引き算、掛け算、割り算を行うライブラリです」と入力し、「作成」ボタンをクリックします。プロジェクトが作成されます。

　ライブラリの作成にあたり、以下を設定していきましょう（表21.1）。

| # | 項目 |
|---|---|
| 1. | アクティビティ名の設定 |
| 2. | アクティビティコメント（ツールチップ）とヘルプ URL の追加 |
| 3. | アクティビティのプロパティ設定 |
| 4. | ワークフローの作成 |
| 5. | ライブラリのパブリッシュ |

■表21.1　ライブラリの作成時における設定

### 21.2-1 アクティビティ名の設定

ライブラリにおいて、ワークフローファイル名がアクティビティ名となります（図 21.3）。

■図 21.3　ワークフローファイル名がアクティビティ名になる

❸「プロジェクト」タブで「NewActivity.xaml」を右クリックし「名前を変更」を選択します。「名前を変更」ダイアログにて「数値の加算」と入力します（図 21.4）。

■図 21.4　ワークフローファイル名を変更する

### 21.2-2 アクティビティコメント（ツールチップ）とヘルプ URL の追加

アクティビティにマウスカーソルを当てた時に表示されるアクティビティのコメント（ツールチップ）や、F1 キークリック時に表示されるヘルプ URL の設定が可能です（図 21.5）。

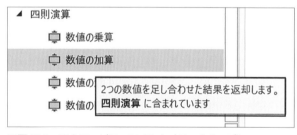

■図 21.5　アクティビティコメント（ツールチップ）

❹「プロジェクト」タブで「数値の加算 .xaml」を右クリックし「プロパティ」を選択し、表示されるダイアログでツールチップに「2 つの数値を足し合わせた結果を返却します。」と入力します（図 21.6）。

■図 21.6　プロパティへ入力する

## 21.2-3　アクティビティのプロパティ設定

　引数パネルで引数に設定した内容が、アクティビティのプロパティに反映されます。以下は引数設定後のプロパティパネルです（図 21.7）。

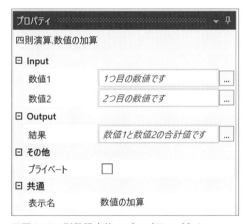

■図 21.7　引数設定後のプロパティパネル

　「数値の加算 .xaml」を開き、引数パネルにて、以下の通り引数を作成します（表 21.2）。

| 名前 | 方向 | 引数の型 | 既定値 | 引数の「注釈」設定 |
|------|------|---------|--------|------------------|
| 数値 1 | 入力 | Int32 | （指定なし） | 1 つ目の数値です |
| 数値 2 | 入力 | Int32 | （指定なし） | 2 つ目の数値です |
| 結果 | 出力 | Int32 | （指定なし） | 数値 1 と数値 2 の合計値です |

■表 21.2　引数パネルへ入力する

> **注** 引数に「注釈」を設定するには、引数を右クリックして表示されるメニューより「注釈の追加」を選択します。

### 21.2-4　ワークフローの作成

　［代入］アクティビティを配置し、［左辺値］プロパティに「結果」、［右辺値］プロパティに「数値1＋数値2」を設定します（図21.8）。

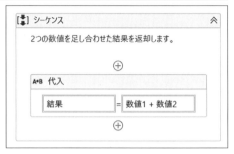

■図21.8　代入アクティビティの配置と設定

　以上で「数字の加算」アクティビティの設定は終了です。

　続いて、「デザイン」タブ「新規」＞「シーケンス」をクリックし、「数値の減算」、「数値の乗算」、「数値の除算」ワークフローをそれぞれ作成します。

　それぞれに対し、「数字の加算」同様に「1. アクティビティ名の設定」～「4. ワークフローの作成」を行ってください。なお、「数値の除算」ワークフローの「結果」引数の型は「Sysmtem. Double」を指定してください。

## 21.3　ライブラリのパブリッシュ

　「デザイン」タブから「パブリッシュ」をクリックします（図21.9）。

■図21.9　パブリッシュ

　「ライブラリをパブリッシュ」ダイアログが表示されますので、以下のように設定し、「パブリッシュ」ボタンをクリックします（表21.3、図21.10）。

| テンプレート名 | 概要 |
| --- | --- |
| 項目 | 設定内容 |
| パブリッシュ先 | カスタム |
| カスタム URL | ライブラリパッケージを出力したいフォルダのパスを記載します。 |
| リリースノート | 利用者に向けて、このリリースバージョンの説明を記載します。「パッケージを管理」ダイアログに、当バージョンの説明文として表示されます。 |
| 新しいバージョン | このリリースバージョンの、バージョン番号を記載します。 |
| アクティビティルートカテゴリー | アクティビティパネルのルートカテゴリーに表示されるライブラリ名を設定します。 |

■表21.3　「ライブラリをパブリッシュ」ダイアログへの設定と項目内容

■図21.10 「ライブラリをパブリッシュ」ダイアログ

パブリッシュ完了ダイアログが表示されます（図21.11）。

■図21.11 ハッシュ完了ダイアログ

以上でライブラリの作成は完了です。

## 21.4 ライブラリの呼び出し

　プロセスの自動化プロジェクトを作成し、先ほど作成したライブラリを呼び出してみましょう。

❶ UiPath Studioで、「Chapter21_ 四則演算ライブラリ呼び出し」という名前の新規プロセスを作成します。

❷「デザイン」タブから「パッケージを管理」アイコンを選択します。「パッケージを管理」ダイアログが表示されます。設定を開き、以下を設定し、追加をクリックします（図21.12、表21.4）。

■図 21.12 「パッケージを管理」ダイアログ

| 設定項目 | 設定値 |
| --- | --- |
| 名前 | 独自ライブラリ |
| ソース | ライブラリのパブリッシュ時に、カスタムURLで指定したフォルダパス |

■表 21.4 「パッケージを管理」ダイアログの設定

　画面左側のリストに、「独自ライブラリ」が表示されます。選択すると「四則演算」ライブラリが表示されるので、選択し、「インストール」ボタンをクリックし、「保存」をクリックします（図21.13）。

■図 21.13 「四則演算」ライブラリのインストール

アクティビティパネルに「四則演算」カテゴリーが表示
されます。「四則演算」カテゴリーを展開し、[数値の加算]
アクティビティを配置し、プロパティを設定します（図
21.14、表 21.5）。

■図 21.14 ［数値の加算］アクティビ
ティのプロパティ

| 設定項目 | 設定値 |
|---|---|
| 数値 1 | 15 |
| 数値 2 | 6 |
| 合計値 | result（Int32 型変数を作成し設定） |

■表 21.5 ［数値の加算］アクティビティのプロパティ設定

［1 行を書きこみ］アクティビティを配置し、［テキスト］プロパティに、「" 計算結果は " &
result.ToString」を入力します。

以上でワークフロー作成は終了です。ワークフローを実行し、「計算結果は 21」とログが書き
込まれていることを確認しましょう。

このようにして、既存のワークフローをライブラリとしてアクティビティ化することで、複数
プロジェクトで使いまわすことができるようになり、開発効率を向上させることができます。

# Chapter 22

# プロジェクトのカスタム
# テンプレートを作ってみよう

本章は 4 つの節で構成されています。

| 節 | 内容 |
|------|------|
| 22.1 | プロジェクトテンプレートとは |
| 22.2 | プロジェクトテンプレートの構成 |
| 22.3 | プロジェクトテンプレートの作成 |
| 22.4 | プロジェクトテンプレートの利用 |

　UiPath Studio には、非常に簡単にプロジェクトのカスタムテンプレートを作成する機能が用意されています。

　本章では、「カスタムテンプレート」の作成方法や活用のポイントをご紹介します。

　本章をお読みいただくことで、ワークフロー構築のベース部分をカスタムテンプレートとして作成、展開できるようになり、開発効率を向上させることができます。

## 22.1 プロジェクトテンプレートとは

　これまで UiPath Studio でプロジェクトを作成する際、「新規プロジェクト」から「プロセス」または「ライブラリ」を選択し、空のプロジェクトを作成し、ワークフローを構築してきました。

　ただし、設定ファイル読み込み処理やエラー制御処理、正常終了時の通知処理など、どのプロジェクトでも共通して行うべき処理はあるはずで、空のプロジェクトから、共通的な処理を都度構築することは非効率であり、ワークフロー開発者によって作りのばらつきを生む原因となります。

　その対策として多くの企業では、会社や組織、チーム単位で UiPath プロジェクトのテンプレートを作成し、0 からワークフローを作らないようにして生産性や品質を向上しています。パッケージの依存関係も保持されるため、自社で作成したライブラリや頻繁に使用するライブラリなどをテンプレートとして登録しておくこともできます。

## 22.2 プロジェクトテンプレートの構成

　プロジェクトテンプレートにはどのような内容を盛り込めば良いのかは悩みどころです。以下の処理を盛り込むことをお勧めします。

- ワークフローの初期設定
- ワークフローのエラー制御
- ワークフローの後処理
  - エラー終了時の処理
  - 正常終了時の処理
- 個別業務フローテンプレート
  - 個別業務フロー 初期設定
  - 個別業務フロー 業務フロー
  - 個別業務フロー 後処理

## 22.3 プロジェクトテンプレートの作成

早速プロジェクトテンプレートを作成してみましょう。

下記に用意してある Excel マクロをダウンロードし、Excel 上で動作確認をしてみましょう。

❶ 以下の URL に Google Chrome でアクセスし、「Chapter22_ カスタムテンプレート .zip」をダウンロードしてください。

https://rpatrainingsite.com/downloads/

❷ ダウンロードした zip ファイルを解凍し、解凍したフォルダ内の project.json ファイルを指定して、UiPath Studio でプロジェクトを開いてください。

❸ 「デザイン」タブ >「テンプレートとして保存」をクリックすると、「新しいテンプレート」ダイアログが表示されます。

❹ 「新しいテンプレート」ダイアログで以下を設定し、「作成」ボタンをクリックします（図 22.1、表 22.1）。

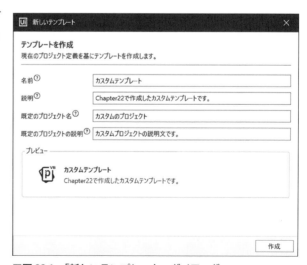

■図 22.1 「新しいテンプレート」ダイアログ

| 設定項目 | 設定値 | 備考 |
|---|---|---|
| 名前 | カスタムテンプレート | テンプレートリスト内の「テンプレート名」に対応する。 |
| 説明 | Chapter22で作成したカスタムテンプレートです。 | テンプレートリスト内の「テンプレートの説明文」に対応する。 |
| 既定のプロジェクト名 | カスタムのプロジェクト | この種類の新しいプロジェクトを作成する際に表示される「既定のプロジェクト名」に対応する。 |
| 既定のプロジェクトの説明 | カスタムプロジェクトの説明文です。 | この種類の新しいプロジェクトを作成する際に表示される「既定の説明文」に対応する。 |

■表22.1 「新しいテンプレート」ダイアログへの設定

❺「テンプレートとして保存」完了ダイアログが表示されます。「OK」をクリックします（図22.2）。

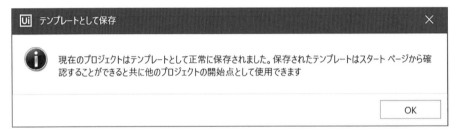

■図22.2 「テンプレートとして保存」完了ダイアログ

以上でカスタムテンプレートの作成は終了です。

「ホーム」タブを選択し、バックステージビューのスタート画面を表示すると、「テンプレートから新規作成」カテゴリーに「カスタムテンプレート」というテンプレートが追加されます（図22.3）。

■図22.3 「カスタムテンプレート」が追加されている

## 22.4 プロジェクトテンプレートの利用

❶ UiPath Studio で先ほど作成した「カスタムテンプレート」を選択します（図 22.4）。

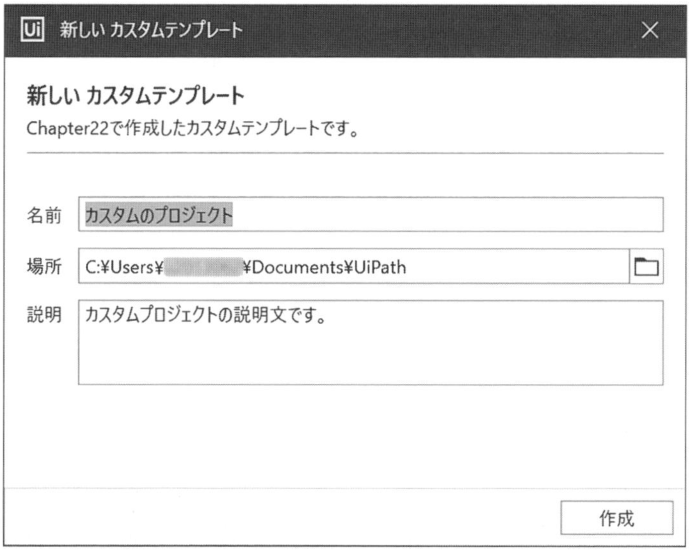

**■図 22.4** 「新しいカスタムテンプレート」ダイアログ

「新しいカスタムテンプレート」ダイアログが表示され、各項目の規定値として、先ほど登録した名前や説明が表示されています。名前や場所などを自由に変更し、「作成」ボタンをクリックします。

❷ 指定した名前のワークフロープロジェクトが作成されているため、開きます。

以上がカスタムテンプレートの利用方法です。

設定ファイルの読み込み処理や、エラー発生時のメール送信処理などを事前に組み込んだワークフローのひな型を用意し、独自のカスタムライブラリや、PDF ライブラリなどの頻繁に使うライブラリを事前に設定したプロジェクトを、カスタムテンプレートとして作成することで、ワークフロー開発者の生産性や品質が向上し、業務自動化を強力に推進することができるでしょう。

最後になりますが、本書で説明したことを参考にライブラリやカスタムテンプレートを作成し、RPA による業務自動化を推進していただけることを願っています。

# Appendix

# UiPath Community Edition のインストール

UiPath Community Edition のインストール方法をご説明します。以下の手順を実施していきます。

- UiPath Cloud Platform への登録
- UiPath Studio のダウンロード
- UiPath Studio のインストール

## Appendix｜UiPath Cloud Platform への登録

UiPath Community Edition を利用するにあたり、UiPath Cloud Platform への登録が必要です。ブラウザーで以下の URL を開いてください。

https://platform.uipath.com/

UiPath Cloud Platform ログイン画面が表示されます。すでに UiPath Cloud Platform のアカウントを持っている方はお持ちのアカウントでログインしてください。アカウントをお持ちではない場合、「登録」ボタンをクリックしアカウントの作成画面に移動します。

Google アカウント、Microsoft アカウント、LinkedIn アカウントをお持ちの方は、お持ちのアカウント情報を連携し、登録することができます。お持ちでない方は、メールアドレスで登録できます。いずれかの方法にて、画面の指示に従って登録してください（図 A.1）。

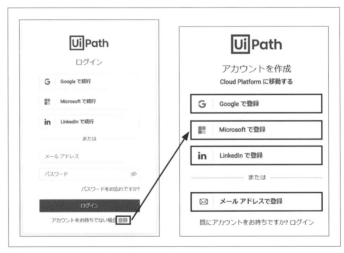

■図 A.1　アカウントを作成

登録が完了すると UiPath Cloud Platform のサービス画面が表示されます。画面右上のユーザーアイコンから、日本語表示に変更できます（図 A.2）。

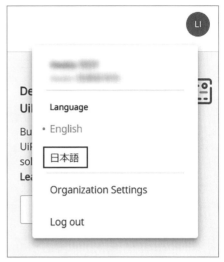

■図 A.2　日本語表示への切り替え

● UiPath Studio のダウンロード

　画面左側のタブより「リソースセンター」を選択し、続けて Community Edition の「安定版」タブを選択します。「ダウンロード（安定版）」ボタンをクリックし、インストーラーをダウンロードしてください（図 A.3）。

■図 A.3　Community Edition のダウンロード

　本書では 2020 年 4 月時点で最新のバージョン 20.4.0 の安定版を利用します。

● プレビュー版と安定版について

> **注** Community Edition では、プレビュー版と安定版の 2 つのバージョンを指定できます。プレビュー版は最新の製品機能を利用できますが、不安定であったり、不具合がある可能性があります。安定版は、その名の通り、不具合などが少ないです。

## ● UiPath Studio のインストール

ダウンロードした UiPathStudioSetup.exe をダブルクリックすると、インストールが始まります（図 A.4）。

■図 A.4　UiPath Studio のインストール画面

アクティベーション方法の選択画面が表示されますので、「Community ライセンス」を選択します（図 A.5）。

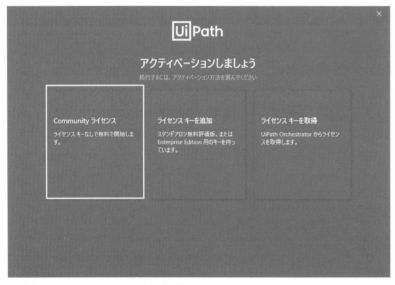

■図 A.5　Community ライセンスを選択

プロファイルの選択画面が表示されますので、「UiPath Studio Pro コミュニティ」を選択します（図 A.6）。

■図 A.6　UiPath Studio Pro コミュニティを選択

更新プログラム チャネルの選択画面が表示されますので、「安定」を選択します（図 A.7）。

■図 A.7　安定を選択

ソース管理サポートの選択画面が表示されます。デフォルトのままで結構ですので、「続行」をクリックします（図 A.8）。

■図 A.8　続行を選択

　セットアップが完了すると、UiPath Studio が立ち上がります。「Studio へようこそ」画面が表示されたかたは「閉じる」ボタンを押してください（図 A.9）。

■図 A.9　Studio へようこそ画面を閉じる

この画面が表示されたらセットアップ完了です（図 A.10）。

■図 A.10　セットアップ完了

# 索 引

〈著者略歴〉

吉田将明（よしだ　まさあき）

株式会社クレスコに入社後、.NET テクノロジを活用した Windows クライアントアプリ開発や、モバイルアプリ開発、API 開発などを多く経験。
2017 年より RPA の導入コンサルティング、マネージメント、提案・営業活動など幅広い業務を担当し、クレスコの RPA 関連事業を牽引。
複数社への RPA 導入・内製化支援で得た成功事例や失敗事例などの知見や、現場の生の声をもとに、社内外で RPA 技術者育成に向けた教育活動・普及活動や、RPA 記事の執筆、セミナー講師など、精力的に活動している。
※株式会社クレスコは UiPath 株式会社の認定リセラー、かつトレーニングアソシエイトであり、多くの企業への UiPath 導入実績を有しています。

基礎がよくわかる！
ゼロからの RPA UiPath 超実践テクニック

2020 月 7 日 20 日　　　第 1 版第 1 刷発行
2023 年 12 日 10 日　　　第 1 版第 5 刷発行

著　　者　吉田将明
発行者　村上和夫
発行所　株式会社 オーム社
　　　　　郵便番号　101-8460
　　　　　東京都千代田区神田錦町 3-1
　　　　　電話　03(3233)0641（代表）
　　　　　URL　https://www.ohmsha.co.jp/

© 吉田将明 2020

組版　さくら工芸社　　印刷・製本　壮光舎印刷
ISBN978-4-274-22572-7　Printed in Japan

**本書の感想募集**　https://www.ohmsha.co.jp/kansou/
本書をお読みになった感想を上記サイトまでお寄せください。
お寄せいただいた方には、抽選でプレゼントを差し上げます。

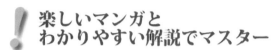